财政部"十三五"规划教材

Application of Operations Research

应用运筹学

主　编　戴晓震

副主编　杨平宇　宋　聪
　　　　董黎晖　罗列英

U0244382

中国财经出版传媒集团

经济科学出版社
Economic Science Press

图书在版编目（CIP）数据

应用运筹学/戴晓震主编. —北京：经济科学出版社，
2018.5
　财政部"十三五"规划教材
　ISBN 978 - 7 - 5141 - 9346 - 6

Ⅰ.①应…　Ⅱ.①戴…　Ⅲ.①运筹学 - 高等学校 -
教材　Ⅳ.①O22

中国版本图书馆 CIP 数据核字（2018）第 097655 号

责任编辑：杜　鹏　刘　瑾
责任校对：靳玉环
责任印制：邱　天

应用运筹学

主　编　戴晓震
副主编　杨平宇　宋　聪
　　　　董黎晖　罗列英

经济科学出版社出版、发行　新华书店经销
社址：北京市海淀区阜成路甲 28 号　邮编：100142
编辑部电话：010 - 88191441　发行部电话：010 - 88191522
网址：www. esp. com. cn
电子邮件：esp_bj@ 163. com
天猫网店：经济科学出版社旗舰店
网址：http：//jjkxcbs. tmall. com
北京鑫海金澳胶印有限公司印装
787 × 1092　16 开　12.5 印张　260000 字
2018 年 5 月第 1 版　2018 年 5 月第 1 次印刷
ISBN 978 - 7 - 5141 - 9346 - 6　定价：30.00 元
（图书出现印装问题，本社负责调换。电话：010 - 88191510）
（版权所有　侵权必究　打击盗版　举报热线：010 - 88191661
QQ：2242791300　营销中心电话：010 - 88191537
电子信箱：dbts@ esp. com. cn）

前 言
INTRODUCTION

运筹学是第二次世界大战期间在英、美两国发展起来的，运筹学作为一门现代科学，具有很强的应用背景。运筹学在自然科学、社会科学、工程技术生产实践、经济建设及现代化管理中有着重要的意义。它广泛应用于工业、农业、交通运输、国防、通信、政府机关的各个部门。用运筹学解决实际问题时的系统化思想，从提出问题、分析建模、求解到方案实施，有一套严格、科学的方法，使得它在培养人才和提高人才素质方面起到了十分重要的作用。运筹学已成为高等院校许多专业的必修课。

一直以来，"运筹学"被很多人称为"晕愁学"，学习时"晕"，考试时"愁"。究其原因，学习运筹学需要有一定的管理知识，又要具备相当的数学功底，大量的计算使得很多人对运筹学望而却步。本教材把运筹学学习者从繁重的计算中解放出来，让其将主要精力放在运筹学解决实际问题当中。本教材强调运筹学作为解决实际管理问题的"工具"，对数学的要求不高，但需要一定的管理基础知识，因此，本教材非常适合那些希望比较"经济地"学以致用，并能见到实效的在职研究生及课时较少的经济管理类本科生使用。

本教材吸收了目前国内运筹学教材的优秀成果，反映了近年来运筹学的最新发展。本教材尽量避免复杂的理论证明，力图通俗易懂、简明扼要地讲解运筹学的基本原理、方法及思路与算法步骤，注意从经济学、管理学的角度介绍运筹学的基本知识，试图以各种实际问题为背景引出运筹学各分支的基本概念、模型和方法，并侧重于运用。

本教材编写分工为：戴晓震编写第1、4、6、10章，宋聪编写第2、3章，董黎晖编写第5章，罗列英编写第7章，杨平宇编写第8章，同时，本科生柯越和葛景森参与了文字工作。戴晓震对整个教材进行汇总编排。

本教材的出版感谢温州商学院校领导、同仁的关心和帮助，感谢家人的鼓励和支持，感谢学生的殷切期望，感谢教材编写团队成员的努力付出。同时，本教材为2016年浙江省高等教育课堂教学改革项目"基于慕课资源的《运筹学》混合式学习教学改革（kg20160539）"的部分成果。

由于编者水平有限、时间仓促，教材中难免有不妥之处，敬请广大读者批评指正。

编 者

2018 年 4 月

目　录
CONTENTS

第1章 绪 论

【导入案例】

"田忌赛马"：齐国使者到大梁来，孙膑以刑徒的身份秘密拜见，劝说齐国使者。齐国使者觉得此人是个奇人，就偷偷把他载回齐国。齐国将军田忌非常赏识他，并且待如上宾。田忌经常与齐王和诸公子赛马，设重金赌注。孙膑发现他们的马脚力都差不多，马分为上、中、下三等，于是对田忌说："您只管下大赌注，我能让您取胜。"田忌相信并答应了他，与齐王用千金来赌注。比赛即将开始，孙膑说："现在用您的下等马对付他们的上等马，拿您的上等马对付他们的中等马，拿您的中等马对付他们的下等马。"三场比赛后，田忌一败两胜，最终赢得齐王的千金赌注。于是田忌把孙膑推荐给齐威王。齐威王向他请教兵法，并请他当军师！

这个故事后来被传为千古佳话，成为军事上一条重要的用兵规律，即要善于用局部的牺牲去换取全局的胜利，从而达到以弱胜强的目的。他的基本思想就是不强求一局的得失，而要争取全盘的胜利。正如毛主席所说："不要计较一城一地的得失，暂时放弃延安，我们将得到整个天下。"

请问：孙膑如何想到这样的策略？有没有其他获胜的方法？

1.1 运筹学概念

运筹学是一门应用科学，至今还没有统一的定义。本教材是为实际管理工作人员而作，从管理实际出发把运筹学看做一种解决实际问题的方法。因而以我国出版的管理百科全书中的定义来定义运筹学："运筹学是应用分析、试验、量化的方法，是经济管理系统中人力、物力、财力等资源进行统筹安排，为决策者提供有依据的最优方案，以实现最有效的管理。"当然，除了管理领域外，在其他领域中运筹学也是适用的。

1976年美国运筹学会定义为："运筹学是研究用科学方法来决定在资源不充分的情况下如何最好地设计人—机系统，并使之最好地运行的一门学科。"

1978年联邦德国的科学词典中定义为："运筹学是从事决策模型的数学解法的一门学科。"

前者着重于处理实际问题，而对于"科学方法"则未加说明；后者强调数字解，而注重数学方法。

莫尔斯（P. M. Morse）与金博尔（G. E. Kimball）在他们的奠基作品中给运筹学下的定义是："运筹学是在实行管理的领域，运用数学方法，对需要进行管理的问题统筹规划，做出决策的一门应用科学。"

运筹学的其他定义："管理系统的人为了获得关于系统运行的最优解而必须使用的一种科学方法。"它使用许多数学工具（包括概率统计、数理分析、线性代数等）和逻辑判断方法，研究系统中人、财、物的组织管理和筹划调度等问题，以期发挥最大效益。

我国古代有很多关于运筹学的思想方法的典故。例如，齐王赛马、丁渭修皇宫和沈括运军粮的故事就充分说明，我国不仅很早就有了朴素的运筹思想，而且已在生产实践中实际运用了运筹方法。但是，运筹学作为一门新兴的学科是在第二次世界大战期间才出现的。当时英、美成立了"运作研究"（operational research）小组，通过科学方法的运用成功解决了许多非常复杂的战略和战术问题。例如，如何合理运用雷达有效地对付德军的空袭；商船如何进行编队护航，使船队遭受德国潜艇攻击时损失最少；在各种情况下如何调整反潜深水炸弹的爆炸深度，才能增加对德国潜艇的杀伤力；等等。

第二次世界大战以后，从事这项工作的许多专家转到了经济部门、民用企业、大学或研究所，继续从事决策的数量方法的研究，运筹学作为一门学科逐步形成并得以迅速发展。

运筹学有广阔的应用领域，它已渗透到诸如服务、库存、搜索、人口、对抗、控制、时间表、资源分配、厂址定位、能源、设计、生产、可靠性、设备维修和更换、检验、决策、规划、管理、行政、组织、信息处理及恢复、投资、交通市场分析、区域规划、预测、教育、医疗卫生各个方面。

1.2 运筹学的产生

第一次世界大战期间（1914~1915年），兰彻斯特为研究战争的胜负与兵力多寡、火力强弱之间的关系发表了若干军事论文；爱迪生在研究反潜战的项目中，汇编各项典型统计数据，用于选择回避或击毁潜艇的最佳方法，使用"战术对策演示盘"解决了免受潜艇攻击的问题。这是运筹学思想早期在战争中的使用。

第二次世界大战期间，鲍德西雷达站的负责人罗伊（A. P. Kowe）提出立即进行整个防空作战系统运行的研究。其成员组是一支综合的队伍，包括心理学家3人、数学家2人、数学物理学家2人、天文物理学家1人、普通物理学家1人、陆军军官1人、测量员1人，所研究的具体问题有：设计将雷达信息传送给指挥系统及武器系统的最佳方式；雷达与防空武器的最佳配置。由于该雷达站成功地进行探测、信息传递、作战指挥、战斗机与防空火力的协调，大大提高了英国本土的防空能力，不久以后在对抗德国对英伦三岛的狂轰滥炸中发挥了极大的作用。"二战"史专家评论说，如果没有这项技术及研究，英国就不可能赢得这场战争，甚至在一开始就被击败。

以战后获得诺贝尔奖的布莱克特（P. M. S. Blackett）为首组建了世界上第一个运筹学小组"Blackett马戏团"。在他们就此项研究所写的秘密报告中，使用了"operational research"一词，意指"作战研究"或"运用研究"。就是我们所说的运筹学。鲍德西雷达站的研究是运筹学的发祥与典范。

第二次世界大战后这些研究成果逐渐公开发表，这些理论和方法被应用到经济计划、生产管理领域，也产生了很好的效果。这样，operations research就转义成为"作业研究"。我国把operations research译成"运筹学"，非常贴切地涵盖了这个词关于作战研究和作业研究两方面的含义。

追溯运筹学的发展历史，大致可以分为三个时期：萌芽时期；形成与发展时期；现代运筹学时期。

1.2.1 萌芽时期

朴素的运筹学思想自古有之：从阿基米德设计的用于粉碎罗马海军攻占西那库斯城的设防方案，到我国战国时期"孙膑斗马术"的故事；李冰父子主持修建的由"鱼嘴"岷江分洪工程、"飞沙堰"分洪排沙工程和"宝瓶口"引水工程巧妙结合而成的都江堰水利工程；宋真宗皇宫失火，大臣丁渭提出的一举三得重建皇宫的方案；《梦溪笔谈》所记录的军粮供应与用兵进退的关系等事例，无不闪耀着运筹帷幄、整体优化的朴素思想。

【沈括运粮】

沈括（1031~1095年），字存中，号梦溪丈人，汉族，浙江杭州人，北宋政治家、科学家。沈括曾经担任延州（今延安）知州，抵御西夏进攻，他定量地研究了军粮运输问题。陕北多山，车马无法通行，军粮要靠挑夫运输。沈括思考了这样的问题：士兵和挑夫如何配比才最经济？10个士兵配1个挑夫如何？不行，挑夫累死也不够吃；1个士兵配10个挑夫如何？也不行，军粮都被挑夫吃了。10个太多，1个太少，此间应该有一个最优值。

沈括做了这样的假设：一个挑夫能够担负6斗米，一个士兵能够背负1斗米，人均每天吃粮2升（即0.2斗）。其运算如下：

如果1个士兵配1个挑夫，最多可以行军18天：$(6+1) \div 0.2 \div 2 = 17.5$（天），如果计算回程，只能进军9天。

如果1个士兵配2个挑夫，最多可以行军26天：3人行军，每天吃0.6斗，一个挑夫的粮食可供3人吃10天，挑夫的粮食吃完了，没有必要继续跟随，即刻遣回。挑夫返回也是要吃粮的，还要带上"盘缠"。于是行军至第8天，3人吃掉了4.8斗（0.6×8），某个挑夫还剩1.2斗粮，令其返回。其余1个士兵、1

个挑夫继续行军，2 人还有 7 斗粮，$7 \div 0.4 = 17.5$（天），两人还可行军 17.5 天，加上前面的 8 天，约等于 26 天。如果计算回程能行军 13 天。

如果 1 个士兵配 3 个挑夫，最多可以行军 31 天：前 6.5 天，4 人吃粮，吃掉了 5.2 斗（$0.2 \times 4 \times 6.5$）。某个挑夫剩余 0.8 斗粮，将其遣回。剩余 3 人继续行军，每天吃粮 0.6 斗，又过了 7 天，吃掉 4.2 斗，某个挑夫剩 1.8 斗粮，将其遣回。剩余 2 人，7 斗粮，可继续行军 17.5 天。共计行军 31 天，计算回程，只能行军 16 天。根据不同的作战任务，可以决定不同的配比组合。

【思考与启示】

此前的粮草供应，是凭借运粮官的经验估计，没有上升到科学，以科学家的思维，在给定挑夫能力、士兵能力和人均消耗的假设条件后，定量分析了不同人员配比下的行军天数，对后勤供应进行量化分析。这个故事启示我们，科学就在我们身边，只要有心就能揭示其中奥秘从而把工作做得更好。这也解释了为什么拿破仑打仗时总把数学家加斯帕尔·蒙日带在身边，严谨的数学思维可以使决策更科学、更合理。

1.2.2 形成与发展时期

运筹学的形成与发展时期主要指第二次世界大战及战后的一段时间，除了前面所提到的许多著名军事战例之外，运筹学开始进入工业部门和管理领域。20 世纪 50 ~ 60 年代，运筹工作者队伍开始迅速壮大，纷纷成立学会、创办刊物并开始在高校开设运筹学课程；军事运筹学开始面向未来要求展开研究；大量理论成果问世，系统专著出版。1947 年丹齐克（G. B. Dantzig）提出单纯形法；1950 ~ 1956 年 LP 对偶理论诞生；1951 年库恩（H. W. Kuhn）和塔克（A. W. Tucker）定理奠定了非线性规划理论的基础；1954 年网络流理论建立；1955 年创立随机规划；1958 年创立整数规划及割平面解法，同年求解动态规划的贝尔曼原理发表；1960 年丹齐克建立大 LP 分解算法。各个分支得到不断充实和完善并形成体系。

1.2.3 现代运筹学时期

20 世纪 60 年代以来，运筹学迅速普及和发展。该时期运筹学进一步细分为各个分支，专业学术团体迅速增多，运筹学书籍大量出版，创办了更多的期刊，许多学校将运筹学课程纳入教学计划中。

1957 年我国从"运筹帷幄之中，决胜千里之外"（见《史记·高祖本纪》）古语中摘取"运筹"两字，将 O. R 正式译作运筹学，包含运用筹划、以策略取胜等意义，比较恰当地反映了这门学科的性质和内涵。我国第一个运筹学小组于 1956 年在中国科学院力学研究所成立，1958 年成立了运筹学研究室，1980 年中国运筹学学会正式成立，1986 年运筹学细分为许多分支，我国各高等院校特别是各经济管理类专业已经普遍把运筹学作为一门专业的主干课程列入教学计划中，运筹学在我国得到迅速发展。

1.3 运筹学的分支

运筹学的具体内容包括规划论（包括线性规划、非线性规划、整数规划和动态规划）、图论、决策论、排队论、对策论、存储论、可靠性理论等。

1.3.1 规划论

数学规划即上面所说的规划论，是运筹学的一个重要分支，早在 1939 年苏联的康托洛维奇（H. B. Kahtopob）和美国的希奇柯克（F. L. Hitchcock）等人就在生产组织管理和制订交通运输方案方面研究并应用线性规划方法。1947 年旦茨格（G. B. Dantzig）等人提出了求解线性规划问题的单纯形方法，为线性规划的理论与计算奠定了基础，特别是电子计算机的出现和日益完善，更使规划论得到迅速发展，可用电子计算机来处理成千上万个约束条件和变量的大规模线性规划问题，从解决技术问题的最优化，到工业、农业、商业、交通运输业以及决策分析部门，都可以发挥作用。从范围来看，小到一个班组的计划安排，大至整个部门，以至国民经济计划的最优化方案分析，它都有用武之地，具有适应性强、应用面广、计算技术比较简便的特点。非线性规划的基础性工作则是在 1951 年由库恩和塔克等人完成的，到了 20 世纪 70 年代，数学规划无论是在理论上和方法上，还是在应用的深度和广度上，都得到了进一步的发展。

数学规划的研究对象是计划管理工作中有关安排和估值的问题，解决的主要问题是在给定条件下按某一衡量指标来寻找安排的最优方案。它可以表示成求函数在满足约束条件下的极大极小值问题。

数学规划和古典的求极值问题有本质上的不同，古典方法只能处理具有简单表达式和简单约束条件的情况。而现代数学规划中的问题目标函数和约束条件都很复杂，而且要求给出某种精确度的数字解答，因此，算法的研究特别受到重视。

这里最简单的一种问题就是线性规划。如果约束条件和目标函数都是呈线性关系的就叫线性规划。要解决线性规划问题，从理论上讲都要解线性方程组，因此，解线性方程组的方法以及关于行列式、矩阵的知识，就是线性规划中非常必要的工具。

线性规划及其解法——单纯形法的出现，对运筹学的发展起了重大的推动作用。许多实际问题都可以化成线性规划来解决，而单纯形法是有一个行之有效的算法，加上计算机的出现，使一些大型复杂的实际问题的解决成为现实。

非线性规划是线性规划的进一步发展和继续。许多实际问题如设计问题、经济平衡问题都属于非线性规划的范畴。非线性规划扩大了数学规划的应用范围，同时也给数学工作者提出了许多基本理论问题，使数学中的如凸分析、数值分析等也得到了发展。还有一种规划问题和时间有关，叫作"动态规划"。近年来在工程控制、技术物理和通信中的最佳控制问题中，已经成为经常使用的重要工具。

1.3.2　图论

图论是一个古老的但又十分活跃的分支，它是网络技术的基础。图论的创始人是数学家欧拉（L. Euler）。1736 年他发表了图论方面的第一篇论文，解决了著名的哥尼斯堡七桥问题，相隔一百年后，在 1847 年基尔霍夫（G. R. Kirchhoff）第一次应用图论的原理分析电网，从而把图论引进到工程技术领域。20 世纪 50 年代以来，图论的理论得到了进一步发展，将复杂庞大的工程系统和管理问题用图描述，可以解决很多工程设计和管理决策的最优化问题，例如，完成工程任务的时间最少、距离最短、费用最省等。图论受到数学、工程技术及经营管理等各方面越来越广泛的重视。

1.3.3　决策论

决策论是根据信息和评价准则，用数量方法寻找或选取最优决策方案的科学，是运筹学的一个分支和决策分析的理论基础。在实际生活与生产中对同一个问题所面临的几种自然情况或状态，又有几种可选方案，就构成一个决策，而决策者为对付这些情况所采取的对策方案就组成决策方案或策略。

决策问题根据不同性质通常可以分为确定型、风险型（又称统计型或随机型）和不确定型三种。决策论在包括安全生产在内的许多领域都有着重要应用。

1.3.4　排队论

排队论又叫随机服务系统理论。最初是在 20 世纪初由丹麦工程师爱尔朗（A. K. Erlang）关于电话交换机的效率研究开始的，在第二次世界大战中为了对飞机场跑道的容纳量进行估算，它得到了进一步的发展，其相应的学科更新论、可靠性理论等也都发展起来。

1909 年丹麦电话工程师爱尔朗开始研究排队问题，1930 年以后，开始了一般情况的研究，取得了一些重要成果。1949 年前后，开始了对机器管理、陆空交通等方面的研究，1951 年以后，理论工作有了新的进展，逐渐奠定了现代随机服务系统的理论基础。排队论主要研究各种系统的排队队长、排队的等待时间及所提供的服务等各种参数，以便求得更好的服务。

排队论的研究目的是要回答如何改进服务机构或组织被服务的对象,使得某种指标达到最优的问题。如一个港口应该有多少个码头、一个工厂应该有多少维修人员等。

因为排队现象是一个随机现象,因此,在研究排队现象的时候,主要采用的是研究随机现象的概率论作为主要工具。此外,还有微分和微分方程。排队论把它所要研究的对象形象地描述为顾客来到服务台前要求接待。如果服务台以被其他顾客占用,那么就要排队。另外,服务台也时而空闲、时而忙碌。就需要通过数学方法求得顾客的等待时间、排队长度等的概率分布。

排队论在日常生活中的应用是相当广泛的,如水库水量的调节、生产流水线的安排、铁路站场的调度、电网的设计等。

1.3.5 博弈论

博弈论又称为对策论,是研究决策者之间相互作用的学科。前面讲的田忌赛马就是典型的博弈论问题。作为运筹学的一个分支,博弈论的发展也只有几十年的历史。系统地创建这门学科的数学家,一般公认为是美籍匈牙利数学家、计算机之父——冯·诺依曼 (J. V. Neumann)。

最初用数学方法研究博弈论是在国际象棋中开始的,旨在用来如何确定取胜的算法。由于是研究双方冲突、制胜对策的问题,所以这门学科在军事方面有着十分重要的应用。近年来,数学家还对水雷和舰艇、歼击机和轰炸机之间的作战、追踪等问题进行了研究,提出了追逃双方都能自主决策的数学理论。近年来,随着人工智能研究的进一步发展,对博弈论提出了更多新的要求。

博弈论究决策问题。所谓决策就是根据客观可能性,借助一定的理论、方法和工具,科学地选择最优方案的过程。决策问题是由决策者和决策域构成的,而决策域又由决策空间、状态空间和结果函数构成。研究决策理论与方法的科学就是决策科学。决策所要解决的问题是多种多样的,从不同角度有不同的分类方法,按决策者所面临的自然状态的确定与否可分为确定型决策、风险型决策和不确定型决策;按决策所依据的目标个数可分为单目标决策与多目标决策;按决策问题的性质可分为战略决策与策略决策以及按不同准则划分成的种种决策问题类型。不同类型的决策问题应采用不同的决策方法。决策的基本步骤为:(1) 确定问题,提出决策的目标;(2) 发现、探索和拟订各种可行方案;(3) 从多种可行方案中,选出最满意的方案;(4) 决策的执行与反馈,以寻求决策的动态最优。

1.3.6 存储论

存储论是定量方法和技术最早应用的领域之一,是管理运筹学的重要分支。早在 1915 年人们就开始了对存储论的研究。

　　所谓存储就是将一些物资，如原材料、外购零件、部件、在制品等存储起来以备将来的使用和消费。存储是缓解供应与需求之间出现供不应求或供过于求等不协调情况的必要和有效的方法和措施。但是要存储就需要资金和维护，存储的费用在企业经营的成本中占据非常大的部分，它是企业流动资金中的主要部分，因此，如何最合理、最经济地解决好存储问题是企业经营管理中的大问题。存储论为我们解决这个问题提供了方法。存储论主要解决存储策略问题即如下两个问题：

　　（1）当我们补充存储物资时，我们每次补充数量是多少？

　　（2）我们应该间隔多长时间来补充我们的存储物资？

　　我们建立不同的存储模型来解决上面两个问题，我们把模型中需求率、生产率等一些数据皆为确定的数值称之为确定型存储模型，把模型中含有随机变量的称之为随机型存储模型。

1.3.7　可靠性理论

　　可靠性理论是研究系统故障、以提高系统可靠性问题的理论。可靠性理论研究的系统一般分为两类：一是不可修复系统：如导弹等，这种系统的参数是寿命、可靠度等；二是可修复系统：如一般的机电设备等，这种系统的重要参数是有效度，其值为系统的正常工作时间与正常工作时间加上事故修理时间之比。

1.3.8　搜索论

　　搜索论是由于第二次世界大战中战争的需要而出现的运筹学分支。主要研究在资源和探测手段受到限制的情况下，如何设计寻找某种目标的最优方案，并加以实施的理论和方法。在第二次世界大战中，同盟国的空军和海军在研究如何针对轴心国的潜艇活动、舰队运输和兵力部署等进行甄别的过程中产生的。搜索论在实际应用中也取得了不少成效，如 20 世纪 60 年代，美国寻找在大西洋失踪的核潜艇"打谷者号"和"蝎子号"以及在地中海寻找丢失的氢弹，都是依据搜索论获得成功的。

1.4　运用运筹学的处理步骤

　　（1）规定目标和明确问题：包括把整个问题分解成若干子问题，确定问题的尺度、有效性度量、可控变量和不可控变量。

　　（2）收集数据和建立模型：包括定量关系、经验关系和规范关系。

　　（3）求解模型和优化方案：包括确定求解模型的数学方法、程序设计、调试运行和方案选优。

（4）检验模型和评价：包括检验模型在主要参数变动时的结果是否合理，输入发生微小变化时输出变化的相对大小是否合适以及模型是否容易解出等方面的检验和评价。

（5）方案实施和不断优化：包括应用所得的结果解决实际问题，并在方案实践过程中发现新的问题不断优化。

1.5 运筹学展望

运筹学作为一门新兴学科，一门处于年轻发展时期的学科，在理论研究和应用研究的诸多方面，无论从广度还是深度来说都有着无限广阔的前景。现在的问题是，运筹学今后究竟应该朝哪个方向发展？这是运筹学界普遍关心的问题。关于运筹学将往哪个方向发展，从 20 世纪 70 年代起就在西方运筹学界引起过争论，至今还没有一个统一的结论。美国前运筹学会主席邦特（S. Bonder）认为，运筹学应在三个领域发展：运筹学应用、运筹科学、运筹数学，并强调在协调发展的同时重点发展前两者。这是由于运筹数学在 20 世纪 70 年代已形成一个强有力的分支，对问题的数学描述已相当完善，却忘掉了运筹学的原有特色，忽视了对多学科的横向交叉联系和解决实际问题的研究。现在，运筹学工作者面临的大量新问题是：经济、技术、社会、生态和政治因素交叉在一体的复杂系统，所以从 20 世纪 70 年代末 80 年代初，不少运筹学家提出"要注意研究大系统"，"要从运筹学到系统分析"。由于研究大系统的时间范围有可能很长，还必须与未来学紧密结合起来；面临的问题大多是涉及技术、经济、社会、心理等综合因素，在运筹学中除了常用的数学方法外，还引入了一些非数学的方法和理论。如美国运筹学家萨蒂（T. L. Saaty）于 20 世纪 70 年代末期提出的层次分析法（AHP），可以看作是解决非结构问题的一个尝试。针对这种状况，切克兰德（P. B. Checkland）从方法论上对此进行了划分。他把传统的运筹学方法称为硬系统思考，认为它适合解决结构明确的系统的战术及技术问题，而对于结构不明确的、有人参与活动的系统就要采用软系统思考的方法。借助电子计算机，研究软系统的概念和运用方法应是今后运筹学发展的一个方向。

中国运筹学学会从中国数学学会独立出来也说明了运筹学虽然以数学为基础，但同数学学科有本质的不同。运筹学家除了推动运筹学基本理论的发展外，还要对社会肩负起与数学家不同的责任。目前，运筹学和管理学的合并也引起了包括中国在内的世界各国的极大关注。运筹学未来的发展会出现在更多的社会发展领域。

近二十年来，信息科学、生命科学等现代高科技对人类社会产生了巨大影响，运筹学工作者还关注到其中一些运筹学起作用的新的工作方向。例如，将全局最优化、图论、神经网络等运筹学理论及方法应用于分子生物信息学中的DNA 与蛋白质序列比较、芯片测试、生物进化分析、蛋白质结构预测等问题的研究；在金融管理方面，将优化及决策分析方法，应用于金融风险控制与管理、资产评估与定价分析模型等；在网络管理上，利用随机过程方法，研究排队网络的数量指标分析；在供应链管理问题中，利用随机动态规划模型，研究多重决策最优策略的计算方法。在这些重要的新方向上，我国运筹学工作者都取得了可喜的进展及成绩，有一些已进入国际先进水平的行列，被有关同行所认可。

总之，要坚持实事求是及严格的科学态度，通过不懈的努力，运筹学一定会为国家、为世界做出更大的贡献。

【习题】

1. 结合沈括运粮的故事，思考如下问题：

（1）"行军至第 8 天，3 人吃掉了 $0.6 \times 8 = 4.8$（斗），某个挑夫还剩粮，令其返回"。行进了 8 天，给挑夫 6 天的口粮，令其返回，他够吃吗？

（2）《孙子兵法》说："食敌一盅，当吾二十盅。"为什么？

（3）还有什么办法可以提高部队的补给能力？

2. 战时运筹学家并没有运用当今的数学模型，也许他们的策略不一定是优化的，但是简单、实用、快捷的改善受到官兵的欢迎。说说你对"严谨"与"实用"的看法。

3. 第二次世界大战期间，为什么请物理学家、生物学家、数学家参与运筹工作？当年拿破仑作战时也带着一位数学家。这不是"外行指导内行"吗？谈谈你的观点。

4. 《倚天屠龙记》中，张三丰教张无忌练剑，每天练几招，日积月累，张无忌学会了很多招法，但师父张三丰就是不让他出徒，直到有一天，张无忌说："一招都不记得了。"张三丰说："你可以出徒了。"这个故事说明了什么？（提示：从知识、能力、素质的视角思考。）

5. 观察你身边的事物，尝试用运筹学的思维方式对其加以改善，这个作业叫"身边的运筹学"。自由组建运筹学小组，将案例制作成PPT，后半学期陆续在课堂上汇报演出。

第2章 线性规划

【导入案例】

加工奶制品生产计划。一奶制品加工厂用牛奶生产 A_1、A_2 两种奶制品，一桶牛奶可以在设备甲上用 12 小时加工成 3 千克 A_1，或者在设备乙上用 8 小时加工成 4 千克 A_2。根据市场需求，生产的 A_1、A_2 全部能够售出，且每千克 A_1 获利 24 元，每千克 A_2 获利 16 元。现在加工厂每天能够得到 50 桶牛奶的供应，每天工人总的劳动时间为 480 小时，并且设备甲每天最多能加工 100 千克 A_1，设备乙的加工能力没有限制。试为该厂制订一个生产计划，使每天获利最大。

并进一步讨论以下三个附加问题：

（1）若用 35 元可以买到一桶牛奶，还是否做这项投资？若投资，每天最多购买多少桶牛奶？

（2）若可以聘用临时工人以增加劳动时间，付给临时工人的工资最多每小时多少元？

（3）由于市场需求变化，每千克 A_1 的获利增加到 30 元，应否改变生产计划？

2.1 线性规划概述

线性规划的基本思路就是在满足一定的约束条件下，使预定的目标达到最优。它的研究内容可归纳为两个方面：一是系统的任务已定，如何合理筹划、精细安排，用最少的资源（人力、物力和财力）去实现这个任务；二是资源的数量已定，如何合理利用、调配，使任务完成得最多。前者是求极小，后者是求极大。线性规划是在满足企业内、外部的条件下，实现管理目标和极值（极小值和极大值）问题，就是要以尽可能少的资源输入来实现尽可能多的社会需要的产品的产出。因此，线性规划是辅助企业"转轨""变型"的十分有利的工具，它在辅助企业经营决策、计划优化等方面具有重要的作用。

为了说明什么是线性规划，我们引用丹齐克解决的一个问题来做例子。这个问题被称为"配餐问题"：美国空军为了保证士兵的营养，规定每餐的食品中，要保证一定的营养成分，例如，蛋白质、脂肪、维生素等，都有定量的规定。当然这些营养成分可以由各种不同的食物来提供，例如，牛奶提供蛋白质和维生素，黄油提供蛋白质和脂肪，胡萝卜提供维生素等。由于战争条件的限制，食品种类有限，要尽量降低成本。于是，如何决定各种食品的数量，使得既能满足营养成分的需要，又可以降低成本，把这些要求列成数学方程式，用单纯形法加以求解，就得出最佳的配餐方案。

现代管理问题虽然千变万化，但大致上总是要利用有限的资源，去追求最大的利润或最小的成本，所以几乎都可以转化为线性规划问题。

要对实际规划问题作定量分析，必须先加以抽象，建立数学模型。在建立线性规划模型时，需要有相关的专业知识，并要有一定的经验和技巧。建立线性规划模型包括以下三个方面的内容：

（1）选定决策变量和参数。决策变量就是待解决问题的未知量，也是决策系统中的可控因素，一组决策变量的取值构成一个规划方案。常用英文字母加下标来表示，如 x_1，x_2，$\cdots$，x_n。

（2）明确问题的目标。一般表示为决策变量的函数 $f(x_1，x_2，\cdots，x_n)$，称为目标函数，用 $\max(\min)$ 表示最优。

（3）建立约束条件。约束条件是指实现系统目标的限制因素。一般表示为决策变量的等式方程或不等式方程，称为约束方程。

线性规划问题就是在决策变量满足若干约束条件的情况下使目标函数达到极大值或极小值。

【**例 2 – 1**】某工厂在计划期内要安排 I、II 两种产品的生产，已知生产单位产品所需的设备台时及 A、B 两种原材料的消耗、资源的限制，如表 2 – 1 所示，问：工厂应分别生产多少单位 I、II 产品才能使工厂获利最多？

表 2 – 1　　　　　　　　　　　生产情况表

	I	II	资源限制
设备	1	1	300 台时
原料 A	2	1	400 千克
原料 B	0	1	250 千克
单位产品获利	50 元	100 元	

解： 这个问题可以用下面的数学模型来加以描述。工厂目前要决策的问题是生产多少单位产品 I 和生产多少单位产品 II，把这个要决策的问题用变量 x_1，x_2 来表示，则称 x_1 和 x_2 为决策变量，决策变量 A 为生产产品 I 的数量，决策变量 x_2 为生产产品 II 的数量。可以用 x_1 和 x_2 的线性函数形式来表示工厂所要求的最大利润的目标：

$$\max Z = 50x_1 + 100x_2$$

其中，$\max$ 为最大化的符号（最小化符号为 $\min$）；50 和 100 分别为单位产品 I 和单位产品 II 的利润；Z 称为目标函数。同样也可以用 x_1 和 x_2 的线性不等式来表示问题的一些约束条件。台时数方面的限制可以表示为：

$$x_1 + x_2 \leqslant 300$$

同样，原材料的限量可以表示为：

$$2x_1 + x_2 \leqslant 400$$
$$x_2 \leqslant 250$$

除了上述约束外显然还应该有 $x_1 \geqslant 0$ 和 $x_2 \geqslant 0$，因为产品 I 和产品 II 的产量是不能取负值的。综上所述，就得到了〖例 2 - 1〗的数学模型：

$$\max Z = 50x_1 + 100x_2$$

满足约束条件：

$$\text{s. t.} \begin{cases} x_1 + x_2 \leqslant 300 \\ 2x_1 + x_2 \leqslant 400 \\ x_2 \leqslant 250 \\ x_1 \geqslant 0, \ x_2 \geqslant 0 \end{cases}$$

由于上述数学模型的目标函数为变量的线性函数，约束条件也为变量的线性等式或不等式，故此模型称为线性规划。如果目标函数是变量的非线性函数，或约束条件中含有变量的非线性等式或不等式，这样的数学模型则称之为非线性规划。

把满足所有的约束条件的解称为该线性规划的可行解。把使得目标函数值最大（即利润最大）的可行解称为该线性规划的最优解，此目标函数值称为最优目标函数值，简称最优值。

从〖例 2 - 1〗中可以看出一般线性规划问题的建模过程：

（1）理解要解决的问题。明确在什么条件下，要追求什么目标。

（2）定义决策定量。每一个问题都用一组决策变量（x_1，x_2，$\cdots$，x_n）表示某一方案，当这组决策变量取具体值时就代表一个具体方案，一般这些变量取值是非负的。

（3）用决策变量的线性函数形式写出所要追求的目标，即目标函数，按问题的不同，要求目标函数实现最大化或最小化。

（4）用一组决策变量的等式或不等式来表示在解决问题过程中所必须遵循的约束条件。

满足（2）、（3）、（4）三个条件的数学模型称之为线性规划的数学模型，其一般形式为：

$$\max(\min)Z = c_1x_1 + c_2x_2 + \cdots + c_nx_n$$

满足约束条件：

$$\text{s. t.} \begin{cases} a_{11}x_1 + a_{12}x_2 + \cdots + a_{1n}x_n \leqslant (=, \ \geqslant)b_1 \\ a_{21}x_1 + a_{22}x_2 + \cdots + a_{2n}x_n \leqslant (=, \ \geqslant)b_2 \\ \cdots \\ a_{m1}x_1 + a_{m2}x_2 + \cdots + a_{mn}x_n \leqslant (=, \ \geqslant)b_m \\ x_1, \ x_2, \ \cdots, \ x_n \geqslant 0 \end{cases}$$

2.2 图 解 法

对于只包含两个决策变量的线性规划问题，可以用图解法来求解。图解法简单直观，有助于了解线性规划问题求解的基本原理。在以 x_1，x_2 为坐标轴的直角坐标系里，图上任意一点的坐标就代表了决策变量 x_1，x_2 的一组值，也就代表了一个具体的决策方案。

下面以〖例 2–1〗为例介绍图解法的解题过程。〖例 2–1〗的每个约束条件都代表一个半平面，如约束条件 $x_1 + x_2 \leqslant 300$ 代表以直线 $x_1 + x_2 = 300$ 为边界的左下方的半平面，也即这个半平面上的任一点都满足约束条件 $x_1 + x_2 \leqslant 300$，而其余的点都不满足这个约束条件，同时满足约束条件：

$x_1 \geqslant 0$，$x_2 \geqslant 0$，$x_1 + x_2 \leqslant 300$，$2x_1 + x_2 \leqslant 400$，$x_2 \leqslant 250$ 的点，必然落在这五个半平面的公共部分（包括五条边界线），这五个半平面及其公共部分如图 2–1 所示。公共部分的每一点（包括边界线上的点）都是这个线性规划的可行解。而此公共部分是〖例 2–1〗的线性规划问题的可行解的集合，称为可行域。

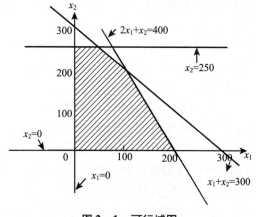

图 2–1 可行域图

可行域的几何形状由于问题不同可以千变万化，但是可行域的几何结构都是凸集。所谓凸集，要求集合中的任何两点的连线段落在这个集合中。例如，平面上的矩形与圆，空间中的平行六面体与椭球体以及〖例 2–1〗中的公共部分都是凸集。

目标函数 $Z = 50x_1 + 100x_2$，当 Z 取某一数值时，也可以用直线在图上表示。Z 取不同的值就可以得到不同的直线，但不管 Z 怎样取值，所得直线的斜率是不变的，故对应于不同 Z 值所得的不同的直线都是互相平行的。由于对于 Z 的某一取值所得的直线上的每一点都具有相同的目标函数值，故称它为"等值线"，如图 2–2 所示，当 Z 的取值逐渐增大时，直线 $Z = 50x_1 + 100x_2$ 向右上方移动，同时由于要满足全部约束条件，因此，决策变量一定要处在其公共部分。当直

线 $z = 50x_1 + 100x_2$ 移动到 B 点时，Z 值在可行域的边界上实现了最大化。这样就得到了〖例 $2-1$〗的最优解为 B 点，B 点的坐标为（50，250），因此，最佳决策为 $x_1 = 50$，$x_2 = 250$，此时 $Z = 27\ 500$。这说明该厂的最优生产计划方案是生产产品 I 50 单位，生产产品 II 250 单位，可得最大利润 27 500 元。

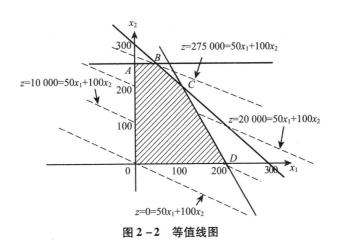

图 2－2 等值线图

下面来看一下在最优生产方案下资源消耗的情况：把 $x_1 = 50$，$x_2 = 250$ 代入约束条件得：

设备台时：$1 \times 50 + 1 \times 250 = 300$（台时）

原料 A：$2 \times 50 + 1 \times 250 = 350$（千克）

原料 B：$0 \times 50 + 1 \times 250 = 250$（千克）

这表明，生产 50 单位产品 I 和 250 单位产品 II 将消耗完所有可使用的设备台时数和原料 B，但对原料 A 来说只消耗了 350 千克，还有 50 千克（400－350）没有使用，在线性规划中，一个"≤"约束条件中没使用的资源或能力称为松弛变量。例如，在生产 50 单位产品 I 和 250 单位产品 II 的最优方案中，对设备台时资源来说其松弛量为 0，对原料 B 来说其松弛量也为 0，而对原料 A 来说其松弛量为 50 千克。

为了把一个线性规划标准化，需要有代表没使用的资源或能力的变量，称之为松弛变量，记为 s_i，显然这些松弛变量对目标函数不会产生影响，可以在目标函数中把这些松弛变量的系数看成 0，加了松弛变量后我们得到如下的数学模型：

$$\max z = 50x_1 + 100x_2 + 0s_1 + 0s_2 + 0s_3$$

约束条件：

$$\text{s. t.} \begin{cases} x_1 + x_2 + s_1 = 300 \\ 2x_1 + x_2 + s_2 = 400 \\ x_2 + s_3 = 250 \\ x_1,\ x_2,\ s_1,\ s_2,\ s_3 \geq 0 \end{cases}$$

对〖例2－1〗的最优解 $x_1 = 50$，$x_2 = 250$ 来说，松弛变量的值如表2－2所示。

表2－2　　　　　　　　　　　松弛变量表

约束条件	松弛变量的值
设备台时数	$s_1 = 0$
原料 A	$s_2 = 50$
原料 B	$s_3 = 0$

关于松弛变量值的一些信息我们也可以从图解法中获得。从图2－2中我们知道〖例2－1〗的最优解位于直线 $x_2 = 250$ 与直线 $x_1 + x_2 = 300$ 的交点 B，故可知原料 B 和设备台时数的松弛变量即 s_1 和 s_3 都为零，而 B 点不在直线 $2x_1 + x_2 = 400$ 上，故可知 $s_2 > 0$。

在图2－2中，A，B，C，D，O 是可行域的顶点，对有限个约束条件其可行域的顶点也是有限的。从〖例2－1〗的求解过程中我们还观察到如下事实：

（1）如果某一个线性规划问题有最优解，则一定有一个可行域的顶点对应最优解。

（2）线性规划存在有无穷多个最优解的情况。

若将〖例2－1〗中的目标函数变为 $z = 50x_1 + 50x_2$，则可见代表目标函数的直线平移到最优位置后将和直线 $x_1 + x_2 = 300$ 重合。此时不仅顶点 B、C 都是最优解，而且线段 BC 上所有的点都是最优解，这样最优解就有无穷多个了。当然，这些最优解都对应着相同的最优值 $50x_1 + 50x_2 = 15\,000$。

（3）线性规划存在无界解，即无最优解的情况。

对下述线性规划问题：

$$\max z = x_1 + x_2;$$

约束条件：　　　　　s. t. $\begin{cases} x_1 - x_2 \leqslant 1 \\ -3x_1 + 2x_2 \leqslant 6 \\ x_1 \geqslant 0, \ x_2 \geqslant 0 \end{cases}$

用图解法求解结果，如图2－3所示。从图2－3中可以看出，该问题可行域无界，目标函数值可以增大到无穷大，成为无界解，即无最优解。出现这种情况，一般说明线性规划模型有错误，该模型中忽略了一些实际存在的必要的约束条件。

（4）线性规划存在无可行解的情况。

若在〖例2－1〗的数学模型中再增加一个约束条件 $4x_1 + 3x_2 \geqslant 1\,500$，显然新的线性规划的可行域为空域，即不存在满足所有约束条件的 x_1 和 x_2，当然更不存在最优解了。出现这种情况是由于约束条件自相矛盾导致的建模错误。

下面给出一个求目标函数最小化的线性规划问题。

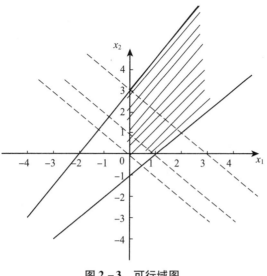

图 2 - 3 可行域图

【例 2 - 2】某公司由于生产需要，共需要 A、B 两种原料至少 350 吨（A、B 两种原料有一定替代性），其中原料 A 至少购进 125 吨。但由于 A、B 两种原料的规格不同，各自所需的加工时间也是不同的，加工每吨原料 A 需要 2 小时，加工每吨原料 B 需要 1 小时，而公司总共有 600 个加工时数。又知道每吨原料 A 的价格为 2 万元，每吨原料 B 的价格为 3 万元，试问在满足生产需要的前提下，在公司加工能力的范围内，如何购买 A、B 两种原料，使得购进成本最低？

解：设 x_1 为购进原料 A 的数量，x_2 为购进原料 B 的数量。此线性规划的数学模型如下：

$$\min f = 2x_1 + 3x_2$$

约束条件：

$$\text{s. t.} \begin{cases} x_1 + x_2 \geqslant 350 \\ x_1 \geqslant 125 \\ 2x_1 + x_2 \leqslant 600 \\ x_1 \geqslant 0,\ x_2 \geqslant 0 \end{cases}$$

用图解法来解此题，首先得到此线性问题的可行域为图 2 - 4 中的阴影部分。

再来看目标函数 $f = 2x_1 + 3x_2$，它在坐标平面上可表示为以 F 为参数、以 $-\dfrac{2}{3}$ 为斜率的一组平行线，如图 2 - 4 所示。这组平行线随着 F 值的减小向左下方平移。当移动到 Q 点（即直线 $x_1 + x_2 = 350$ 与 $2x_1 + x_2 = 600$ 的交点）时，目标函数在可行域内取最小值。Q 点的坐标可以从下列线性方程组中求出：

$$\begin{cases} x_1 + x_2 = 350 \\ 2x_1 + x_2 = 600 \end{cases}$$

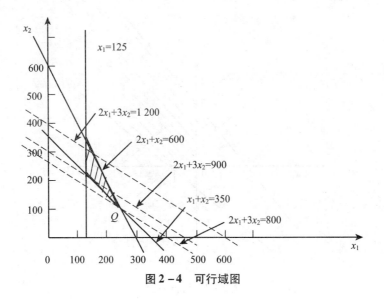

图 2-4　可行域图

得 Q 点坐标为 $x_1 = 250$，$x_2 = 100$，即此线性规划问题的最优解为购买原料 A 250 吨，购买原料 B 100 吨，可使成本最小，即 $2x_1 + 3x_2 = 2 \times 250 + 3 \times 100 = 800$（万元）。

对此线性规划问题的最优解进行分析，可知购买的原料 A 与原料 B 的总量为 $1 \times 250 + 1 \times 100 = 350$（吨）正好达到约束条件的最低限，所需的加工时间为 $2 \times 250 + 1 \times 100 = 600$（小时），正好达到加工时间的最高限。而原料 A 的购进量则比原料 A 购进量的最低限多了 $250 - 125 = 125$（吨），这个超过量在线性规划中成为剩余量。

对于"$\geqslant$"约束条件，可以增加一些代表最低限约束的超过量，称之为剩余变量，从而把"$\geqslant$"约束条件变为等式约束条件。加了松弛变量与剩余变量后〖例 2-2〗的数学模型为：

$$\min f = 2x_1 + 3x_2 + 0s_1 + 0s_2 + 0s_3$$

约束条件：

$$\text{s. t.} \begin{cases} x_1 + x_2 - s_1 = 350 \\ x_1 - s_2 = 125 \\ 2x_1 + x_2 + s_3 = 600 \\ x_1,\ x_2,\ s_1,\ s_2,\ s_3 \geqslant 0 \end{cases}$$

从约束条件中可以知道 s_1、s_2 为剩余变量；s_3 为松弛变量（S 是 SLACK 和 SURPLUS 的第 1 个字母）。上式中所有的约束条件也都为等式，故这也是线性规划问题的标准形式，此问题的最优为 $x_1 = 250$，$x_2 = 100$，其松弛变量及剩余变量的值如表 2-3 所示。

表 2-3   松弛变量及剩余变量

约束条件	松弛变量及剩余变量的值
原料 A 与原料 B 的总量	$s_1 = 0$
原料 A 的数量	$s_2 = 125$
加工时间	$s_3 = 0$

2.3　线性规划数学模型的标准形式及解的概念

2.3.1　标准形式

图解法对于两个变量的线性规划问题很有效，但是对于三个以上变量的线性规划问题就无能为力了。为了得到一种普遍适用的求解线性规划问题的方法，首先要将一般线性规划问题的数学模型化成统一的标准形式，以利于讨论，在标准形式中目标函数一律改为最大化，约束条件（非负约束条件除外）一律化成等式，且要求其右端项大于等于零。

标准形式的数学表示方式有以下四种：

（1）一般表达式：

$$\max Z = c_1 x_1 + c_2 x_2 + \cdots + c_n x_n$$

$$\text{s. t.} \begin{cases} a_{11} x_1 + a_{12} x_2 + \cdots + a_{1n} x_n = b_1 \\ a_{21} x_1 + a_{22} x_2 + \cdots + a_{2n} x_n = b_2 \\ \cdots \\ a_{m1} x_1 + a_{m2} x_2 + \cdots + a_{mn} x_n = b_m \\ x_1,\ x_2,\ \cdots,\ x_n \geq 0 \end{cases}$$

（2）$\sum$ 记号简写式：

$$\max Z = \sum_{j=1}^{n} c_j x_j$$

$$\text{s. t.} \begin{cases} \sum_{j=1}^{n} a_{ij} x_j = b_i & (i = 1,\ 2,\ \cdots,\ m) \\ x_j \geq 0 & (j = 1,\ 2,\ \cdots,\ n) \end{cases}$$

2.3.2　将非标准形式化为标准形式

这部分介绍如何将从实际问题得到的线性规划非标准形式的数学模型转化成标准形式的数学模型。

（1）若目标函数为求最小化 $\min Z = CX$；则作一个 $Z' = -CX$，对 Z' 实现最大化，即 $\max Z' = -CX$。

（2）若约束条件是小于等于型，则在该约束条件不等式左边加上一个新变量（松弛变量），将不等式改成等式：

$$x_1 - 2x_2 + 3x_3 \leq 8 \Rightarrow x_1 - 2x_2 + 3x_3 + x_4 = 8$$

一般地：$a_{i1}x_1 + a_{i2}x_2 + \cdots + a_{in}x_n \leq b_i \Rightarrow a_{i1}x_1 + a_{i2}x_2 + \cdots + a_{in}x_n + x_{n+i} = b_i$，这里 $x_{n+i} \geq 0$。

（3）若约束条件是大于等于型，则在该约束条件不等式左边减去一个新变量（剩余变量），将不等式改为等式：

$$2x_1 - 3x_2 - 4x_3 \geq 5 \Rightarrow 2x_1 - 3x_2 - 4x_3 - x_4 = 5$$

一般地：$a_{i1}x_1 + a_{i2}x_2 + \cdots + a_{in}x_n \geq b_i \Rightarrow a_{i1}x_1 + a_{i2}x_2 + \cdots + a_{in}x_n - x_{n+i} = b_i$，这里 $x_{n+i} \geq 0$。

（4）若某个约束方程右端项 $b_i < 0$，则在约束方程两端乘以（-1），不等号改变方向。

一般地：$a_{i1}x_1 + a_{i2}x_2 + \cdots + a_{in}x_n \geq b_i$，其中，$b_i < 0$，则改变为：$-a_{i1}x_1 - a_{i2}x_2 - \cdots - a_{in}x_n \leq -b_i$，然后再将不等式转化为等式（加上松弛变量或减去剩余变量）。

（5）若决策变量 x_k 无非负要求，即 x_k 可正可负，则可令两个新变量：$x_k' \geq 0$，$x_k'' \geq 0$ 作 $x_k = x_k' - x_k''$ 在原有数学模型中，x_k 均用 $(x_k' - x_k'')$ 来替代，而在非负约束中增加，$x_k' \geq 0$，$x_k'' \geq 0$。

用以上几种方法，一般都可将由实际问题得到的数学模型化为标准形式。

【例 2-3】将下列线性规划模型化为标准形式：

$$\min Z = x_1 - 2x_2 + 3x_3$$

$$\text{s. t.} \begin{cases} x_1 + x_2 + x_3 \leq 7 \\ x_1 - x_2 + x_3 \geq 2 \\ -3x_1 + x_2 + 2x_3 = -5 \\ x_1, \ x_2 \geq 0, \ x_3 \ 无约束 \end{cases}$$

解： 首先令 $Z' = -Z = -x_1 + 2x_2 - 3x_3$，其次令 $x_3 = x_4 - x_5$，代入目标函数及约束条件中，再将第一个约束条件加上松弛变量 x_6 后改为等式，第二约束条件左边减去剩余变量 x_7 后改为等式，第三个约束等式两边乘上（-1），则标准形式：

$$\max Z' = -x_1 + 2x_2 - 3(x_4 - x_5) + 0 \times x_6 + 0 \times x_7$$

$$\text{s. t.} \begin{cases} x_1 + x_2 + x_4 - x_5 + x_6 = 7 \\ x_1 - x_2 + x_4 - x_5 - x_7 = 2 \\ 3x_1 - x_2 - 2x_4 + 2x_5 = 5 \\ x_1, \ x_2, \ x_3, \ x_4, \ x_5, \ x_6, \ x_7 \geq 0 \end{cases}$$

2.4　灵敏度分析

2.4.1　目标函数中的系数 c_i 的灵敏度分析

所谓灵敏度分析就是在建立数学模型和求得最优解之后，研究线性规划的一些系数 c_i、a_{ij}、b_j 的变化和对最优解、最优值等产生的影响情况。灵敏度分析是非常重要的，首先是因为 c_i、a_{ij}、b_j 这些系数都是估计值和预测值，不一定非常精确；再则即使这些系数值在某一时刻是精确值，它们也会随着市场条件的变化而变化，不会一成不变的。例如，原材料的价格、商品的售价、加工能力、劳动力的价格等的变化都会影响这些系数，有了灵敏度分析就不必为了应付这些变化而不停地建立新的模型和求新的最优解，也不会由于系数估计和预测的精确性而对所求得的最优解存有不必要的怀疑。下面用图解法的灵敏度分析对目标函数中的系数 c_i 以及约束条件中的常数项 b_j 进行灵敏度分析。

让我们以〖例 2-1〗为例来看一下 c_i 的变化是如何影响其最优解的。从〖例 2-1〗中知道生产一个单位的产品Ⅰ可以获利 50 元（$c_1 = 50$），生产一个单位的产品Ⅱ可以获利 100 元（$c_2 = 100$），在目前的生产条件下求得生产产品Ⅰ50 单位，生产产品Ⅱ250 单位可以获得最大利润。当产品Ⅰ、Ⅱ中的某一产品的单位利润增加或减少时，生产者往往都能意识到为了获取最大利润就应该增加或减少这一产品的产量，也就是改变最优解，但是往往不能精确地定出这一产品利润变化的上限与下限，使得利润在这个范围变化时最优解不变，即仍然生产 50 单位的产品Ⅰ，生产 250 单位的产品Ⅱ而使获利最大。下面就用图解法定出其上限与下限。

从图 2-5 中可以看出只要目标函数的斜率在直线 E（设备约束条件）的斜率与直线 F（原料 B 的约束条件）的斜率之间变化时，坐标为 $x_1 = 50$、$x_2 = 250$ 的顶点 B 就仍然是最优解。

如果目标函数的直线按逆时针方向旋转，当目标函数的斜率等于直线 F 的斜率时，可知直线 AB 上的任意一点都是其最优解，如果继续按逆时针方向旋转，可知 A 点为其最优解。如果目标函数直线按顺时针方向旋转，当目标函数的斜率等于直线 E 的斜率时，可知直线 BC 上的任意一点都是其最优解，如果继续按顺时针方向旋转，当目标函数的斜率在直线 E 与直线 G 的斜率之间时，顶点 C 为其最优解，当目标函数的斜率等于直线 G 的斜率时，直线 CD 上的任意一点都是其最优解，如果再继续按顺时针方向旋转，可知顶点 D 为其最优解。直线 E 的方程为：

$$x_1 + x_2 = 300$$

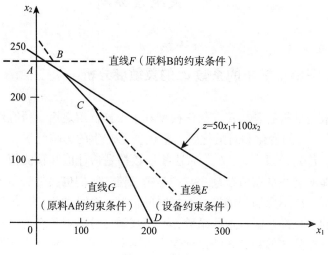

图 2-5 斜率图

用斜截式可以表示为：

$$x_2 = -x_1 + 300$$

可知直线 E 的斜率为 -1，同样直线 F，直线 G 也可以用斜截式分别表示为：

$$x_2 = 0x_1 + 250,$$

$$x_2 = -2x_1 + 400$$

可知直线 F 的斜率为 0，直线 G 的斜率为 -2，而且目标函数：

$$z = c_1 x_1 + c_2 x_2$$

用斜截式也可以表示为：

$$x_2 = -\frac{c_1}{c_2} x_1 + \frac{z}{c_2}$$

可知目标函数的斜率为 $-\frac{c_1}{c_2}$，这样当 $-1 \leqslant -\frac{c_1}{c_2} \leqslant 0$ 时，顶点 B 仍然是其最优解。为了计算出 c_1 在什么范围内变化时顶点 B 仍然是其最优解，我们假设单位产品 Ⅰ 的利润 100 元不变，即 $c_2 = 100$，则有 $-1 \leqslant -\frac{c_1}{100} \leqslant 0$，解得 $0 \leqslant c_1 \leqslant 100$。

即只要当单位产品 Ⅱ 的利润为 100 元，单位产品 Ⅰ 的利润在 0 到 100 元之间变化时，坐标 $x_1 = 50$、$x_2 = 250$ 的顶点 B 仍然是其最优解。

同样为了计算出 c_2 在什么范围内变化时顶点 B 仍然是其最优解，假设单位产品 Ⅰ 的利润为 50 元不变，即 $c_1 = 50$，代入式得 $-1 \leqslant -\frac{50}{c_2} \leqslant 0$，从左边不等式可得 $-c_2 \leqslant -50$，$c_2 \geqslant 50$，从右边的不等式可得 $0 < c_2 \leqslant +\infty$，综合得 $50 \leqslant c_2 \leqslant +\infty$。

即当单位产品 Ⅰ 的利润为 50 元，而单位产品 Ⅱ 的利润只要大于等于 50 元时，顶点 B 仍为其最优解。

同样在 c_1 和 c_2 中一个值确定不变时，可求出另一个值的变化范围，使其最优解在 C 点（或在 D 点，或在 A 点）。

如果当 c_1 和 c_2 都变化时，则可以通过斜率判断 B 点是否仍为其最优解。例如，当 $c_1 = 60$，$c_2 = 55$ 时，因为 $-\dfrac{c_1}{c_2} = -\dfrac{60}{55}$，不满足 $-1 \leqslant -\dfrac{c_1}{c_2} \leqslant 0$，可知 B 点已不是其最优解了，但 -2（直线 G 的斜率）$\leqslant -\dfrac{60}{55} \leqslant -1$（直线 E 的斜率），所以此时 C 点（坐标为 $x_1 = 100$，$x_2 = 200$）为其最优解。

2.4.2 约束条件中常数项 b_j 的灵敏度分析

当约束条件中常数项 b_j 变化时，其线性规划的可行域也将发生变化，这样就可能引起最优解的变化。为了说明这方面的灵敏度分析，不妨假设〖例 2-1〗中的设备台时数增加了 10 个台时，共有 310 个台时，这样〖例 2-1〗中的设备台时数的约束条件就变为：

$$x_1 + x_2 \leqslant 310$$

由于增加了 10 个台时，它的可行域就扩大了。

由于目标函数及各约束条件的直线的斜率都不变，所以可知最优解由 B 点（直线 $x_2 = 250$ 与直线 $x_1 + x_2 = 300$ 的交点）变为 B' 点（直线 $x_2 = 250$ 与直线 $x_1 + x_2 = 310$ 的交点）。B' 点的坐标即为方程组：

$$\begin{cases} x_2 = 250 \\ x_1 + x_2 = 310 \end{cases}$$

解得 B' 点的坐标为 $x_1 = 60$，$x_2 = 250$，这样获得的最大利润 $= 50 \times 60 + 100 \times 250 = 28\,000$（元）。比原来获得的最大利润 27 500 元增加了 $28\,000 - 27\,500 = 500$（元），这是由于增加了 10 个台时的设备而获得的。

这样每增加一个台时的设备就可以多获得 $\dfrac{500}{10} = 50$（元）的利润。

像这样在约束条件常数项中增加一个单位而使最优目标函数值得到改进的数量称为这个约束条件的对偶价格。从上面的讨论可知，设备对偶价格为 50 元/台时，也就是说如果增加或减少若干个台时，那么总利润将增加或减少若干个 50 元。

下面来看如果〖例 2-1〗中的原料 A 增加 10 千克，将会对最优解和最优值产生什么影响？

由于原料 A 增加了 10kg，使〖例 2-1〗中的原料 A 的约束条件变为：$2x_1 + x_2 \leqslant 410$，也使得此线性规划的可行域扩大了，增加了图 2-1 中的阴影部分，但是并不影响它的最优解和最优值。最优解仍是 B 点，它的最优值仍然是 27 500，没有任何的改进，这样原料 A 的对偶价格就为零。其实这个问题不需要通过计算就很容易理解，由于生产 50 单位产品 Ⅰ，250 单位产品 Ⅱ时（即 $x_1 = 50$，$x_2 = 250$），原料 A 还有 50 千克没有使用（即松弛变量 $s_2 = 50$），如果我们再增加 10 千克原料 A，也只不过是增加库存而已，不会再增加利润，故原料 A 的对偶价格为零。所以当某约束条件中的松弛变量（或剩余变量）不为零时，这个约束条件的对偶价格就为零。

某一约束条件的对偶价格仅仅在某范围内是有效的。当这种约束条件的资源不断地获得，使得其 b_i 值不断增大时，由于其他约束条件的限制，使得这种约束条件的资源用不完，即其松弛变量不为零，导致其对偶价格为零。

在求目标函数最大值的情况下，除了对偶价格大于零、等于零的情况外，还存在着对偶价格小于零的情况。当某约束条件对偶价格小于零时，约束条件常数项增加一个单位，就使得其最优目标函数值减少一个对偶价格。在求目标函数值最小值的情况下，当对偶价格大于零时，约束条件常数项增加一个单位，就使其最优目标函数值减少一个对偶价格；当对偶价格等于零时，约束条件常数项增加一个单位，并不影响其最优目标函数值；当对偶价格小于零时，约束条件常数项增加一个单位，就使得其最优目标函数值增加一个对偶价格。综上所述，当约束条件常数项增加一个单位时，有：

（1）如果对偶价格大于零，则其最优目标函数值得到改进，即求最大值时，最优目标函值变得更大；求最小值时，最优目标函数值变得更小。

（2）如果对偶价格小于零，则其最优目标函数值变坏，即求最大值时，最优目标函数值变小；求最小值时，最优目标函数值变大。

（3）如果对偶价格等于零，则其最优目标函数值不变。

【习题】

1. 一种产品包含三个部件，它们是由四个车间生产的，每个车间的生产小时总数是有限的。表 2-4 中给出三个部件的生产率，目标是要确定每个车间应该把多少工时数分配到各个部件，才能使完成的产品件数最多。把这个问题表示成一个线性规划问题。

表 2-4 生产率表

车间	生产能力（小时）	生产率（件数/小时）		
		部件 1	部件 2	部件 3
甲	100	10	15	5
乙	150	15	10	5
丙	80	20	5	10
丁	200	10	15	20

2. 某钢筋车间制作一批钢筋（直径相同），长度为 3 米的 90 根；长度为 4

米的 60 根。已知所用的下料钢筋每根长 10 米，问怎样下料最省？请建立此问题的线性规划模型。

3. 某饭店日夜服务，一天 24 小时中所需服务员的人数如表 2 - 5 所示，每个服务员每天连续工作 8 个小时。问：该饭店怎样安排服务员，既能满足工作需要，又配备最少服务员？

表 2 - 5 　　　　　　　　　　　所需服务员人数表

时间（小时）	所需服务员的最少人数（人）	时间（小时）	所需服务员的最少人数（人）
2 ~ 6	4	14 ~ 18	7
6 ~ 10	8	18 ~ 22	12
10 ~ 14	10	22 ~ 2	4

4. 用图解法求解下列线性规划问题，并指出问题是具有唯一最优解、无穷多最优解、无界解还是无可行解？

$$\max z = x_1 + 3x_2$$

$$(1)\begin{cases} 5x_1 + 10x_2 \leq 50 \\ x_1 + x_2 \geq 1 \\ x_2 \leq 4 \\ x_1,\ x_2 \geq 0 \end{cases}$$

$$\min z = x_1 + 1.5x_2$$

$$(2)\begin{cases} x_1 + 3x_2 \geq 3 \\ x_1 + x_2 \geq 2 \\ x_1,\ x_2 \geq 0 \end{cases}$$

$$\max z = 2x_1 + 2x_2$$

$$(3)\begin{cases} x_1 - x_2 \geq -1 \\ -0.5x_1 + x_2 \leq 2 \\ x_1,\ x_2 \geq 0 \end{cases}$$

5.

$$\max f = 2x_1 + 3x_2$$

$$\begin{cases} x_1 + x_2 \leq 10 \\ 2x_1 + x_2 \geq 4 \\ x_1 + 3x_2 \leq 24 \\ 2x_1 + x_2 \leq 16 \\ x_1,\ x_2 \geq 0 \end{cases}$$

问：

（1）用图解法求最优解。

（2）假定 C_2 值不变，求最优解不变的 C_1 取值范围。

（3）假定 C_1 值不变，求最优解不变的 C_2 取值范围。

（4） C_1 值由 2 变为 4， C_2 值不变，求新的最优解。

（5） C_1 值不变， C_2 值由 3 变为 1，求新的最优解。

（6）当 C_1 值变为 2.5， C_2 值变为 2.5 时，最优解是否发生变化，为什么？

6. 已知某公司制造产品 I、产品 II，利润分别为 500 元/个和 400 元/个，企业数据如表 2-6 所示。

表 2-6　　　　　　　　　　　企业数据表

车间	产品 I	产品 II	车间加工能力（工时数）
1	2	0	300
2	0	3	540
3	2	2	440
4	1.2	1.5	300

（1）用图解法求最优产品组合。

（2）在最优产品组合中，四个车间中，哪些车间的能力还有剩余？剩余多少？

（3）四个车间的对偶价格各为多少？即四个车间的加工能力分别增加一个工时能给公司带来多少额外利润？

（4）当产品 I 的利润不变，产品 II 的利润在什么范围内变化，最优解不变？当产品 II 利润不变，产品 I 的利润在什么范围内变化，最优解不变？

第3章 线性规划应用

【导入案例】

　　某钢筋车间制作一批钢筋（直径相同），长度为3米的90根，长度为4米60根。已知所用的标准钢筋每根长度为10米。问应怎么下料，使用标准钢筋用料最省？

　　在经济管理工作中，可用线性规划求解的典型问题有生产计划问题、下料问题、配料问题、运输问题和投资组合问题等。

　　（1）劳动力安排。某单位由于工作需要，在不同时间段需要不同数量的劳动力，在每个劳动力每个工作日只能连续工作8小时的规则下，如何安排劳动力，才能用最少的劳动力来满足工作的需要？

　　（2）下料问题。现有一批长度一定的钢管，由于生产的需要，要求截出不同规格的钢管若干。试问应如何下料，既可以满足生产的需要，又使得使用的钢管的数量最少？

　　（3）配料问题。由若干种不同价格不同成分含量的原料，用不同的配比混合调配出一些不同价格不同规格的产品，在原料供应量的限制和保证产品成分含量的前提下，如何获取最大的利润？

　　（4）生产计划问题。如何合理充分地利用现有的人力、物力、财力，做出最优的产品生产计划，使获利最大？

　　（5）投资问题。如何从不同的投资项目中选出一个投资方案，使得投资的回报为最大？如何从众多投资方案中选择一种投资风险系数最小的方案？

　　（6）运输问题。一个公司有若干个生产单位与销售单位，根据各生产单位的产量及销售单位的销量，如何制订调运方案，将产品运到各销售单位而总的运费最小？

　　以上这些问题，利用线性规划方法都能成功地加以解决，当然线性规划在管理上的应用远不止这些，但通过这些例子我们可以看到线性规划问题的一些共同的特点：首先，在以上的每个例子中都有要求达到某些数量上的最大化或最小化的目标。例如，合理利用线材问题是要求使用原材料最少；配料问题是要求利润最大；投资问题是要求投资回报最大等。在所有线性规划的问题中某些数量上的最大化或最小化就是线性规划问题的目标。其次，所有线性规划问题都是在一定的约束条件下来追求其目标的，例如，合理利用线材问题是在满足生产需要的一定数量不同规格的钢管的约束下来追求原材料钢管的最小使用量，而在配料问题中是在原料供应量的限制和保证产品成分含量的约束下来追求最大利润的。

3.1 人力资源分配问题

【例 3-1】医院的护士 24 小时都需要值班，不同时段需要的人数不同，白天人多一点，晚上人少一点，按照 4 小时一个时段排班，每班工作 8 小时，具体的统计数据如表 3-1 所示，问：如何排班使得所需护士人数为最少？

表 3-1　　　　　　　　　　值班需求表

序号	时段	最低人数
1	6：00~10：00	60
2	10：00~14：00	70
3	14：00~18：00	60
4	18：00~22：00	50
5	22：00~2：00	20
6	2：00~6：00	30

解：设第 j 时段上班的人数为 x_j，每个时段在岗的人数必须满足规定的人数。

第一个时段在岗的人数由两部分人构成：第六个时段开始上班并将于本时段末下班的人（x_6），以及本时段初开始上班并将于第二时段末下班的人（x_1）。也就是说，本时段需要的 60 人由 x_6 和 x_1 构成，即 $x_6 + x_1 \geq 60$。

第二个时段在岗的人数由 x_1 和 x_2 构成，即 $x_1 + x_2 \geq 70$，其余依次类推。本例的数学模型为：

$$\min Z = x_1 + x_2 + x_3 + x_4 + x_5 + x_6$$

$$s.t. \begin{cases} x_6 + x_1 \geq 60 \\ x_1 + x_2 \geq 70 \\ x_2 + x_3 \geq 60 \\ x_3 + x_4 \geq 50 \\ x_4 + x_5 \geq 20 \\ x_5 + x_6 \geq 30 \\ x_j \geq 0, \; j = 1,2,\cdots,6 \end{cases}$$

3.2　套裁下料问题

【例 3 - 2】某车间接到制作 100 套钢架的订单，每套钢架要用长为 2.9 米、2.1 米、1.5 米的圆钢各一根，已知原料长 7.4 米。问：应如何下料，可使所用原料最省。

最简单的办法是：在每一个原料上截取 2.9 米、2.1 米、1.5 米的圆钢各一根，组成一钢架。这样每制作一套钢架，就多余一根料头 0.9 米。制作 100 套钢架，需要用原料 100 根，剩余料头 90 米，显然这不是一个节省原料的下料方法。可以事先设计出所有可能的下料方法，如表 3 - 2 所示。

表 3 - 2				可能下料方式表			单位：根	
长度（米）	方法（根）							
	方案 1	方案 2	方案 3	方案 4	方案 5	方案 6	方案 7	方案 8
2.9	1	2	0	1	0	1	0	0
2.1	0	0	2	2	1	1	3	0
1.5	3	1	2	0	3	1	0	4
料头	0	0.1	0.2	0.3	0.8	0.9	1.1	1.4

解：假设按方案 1、方案 2、方案 3、方案 4、方案 5、方案 6、方案 7、方案 8 方式下料的原料根数分别为 x_1、x_2、x_3、x_4、x_5、x_6、x_7、x_8 则希望在得到长度为 2.9 米、2.1 米、1.5 米的圆铜各为 100 根的情况下，使长 7.4 米的原料使用数量最少。其数学模型如下：

$$\min Z = x_1 + x_2 + x_3 + x_4 + x_5 + x_6 + x_7 + x_8$$

$$\text{s. t.} \begin{cases} x_1 + 2x_2 + x_4 + x_6 \geqslant 100 \\ 2x_3 + 2x_4 + x_5 + x_6 + 3x_7 \geqslant 100 \\ 3x_1 + x_2 + 2x_3 + 3x_5 + x_6 + 4x_8 \geqslant 100 \\ x_j \geqslant 0, \ (j = 1, \ 2, \ \cdots, \ 8) \end{cases}$$

求解该数学模型：

其结果为：$x_1 = 30$；$x_2 = 10$；$x_3 = 0$；$x_4 = 50$；$x_5 = x_6 = x_7 = x_8 = 0$。上述结果表明，最优套裁方案为：按表 3 - 2 中第 1 种方案下料 30 根；第 2 种方案下料 10 根；第 4 种方案下料 50 根。总共只需原料长为 7.4m 的圆钢 90 根即可制造 100 套钢架。

3.3　配料问题

配料问题又称调和问题，是常见的一类线性规划的应用问题。它是研究将若干种不同的原料按一定的技术指标配成不同的产品的方法。例如，化工生产、塑料加工、饲料调配、冶金工业、石油加工、洗涤用品生产、轻工业中一些药液的配方以及营养配餐问题都属于这类问题。典型的配料问题中除了包含具有不同技术特性的原料和一定技术要求的产品数量外，同时有相应的成本与价格。配料问题的目标通常是在满足产品的技术要求及数量前提下，使成本最小。

【例 3-3】某工厂要用三种原料 1、2、3 混合调配出三种不同规格的产品甲、乙、丙，产品的规格要求、产品的单价、每天能供应的原材料数量及原材料单价如表 3-3、表 3-4 所示。该厂应如何安排生产，才能使利润最大？

表 3-3　　　　　　　　　　　　产品规格要求和单价表

产品名称	规格要求	售价（元/千克）
甲	原材料 1 不少于 50%，原材料 2 不超过 25%	50
乙	原材料 1 不少于 25%，原材料 2 不超过 50%	35
丙	不限	25

表 3-4　　　　　　　　　　　　原料供应量和单价表

原材料名称	每天最多供应量	单价（元/千克）
1	100	65
2	100	25
3	60	35

解：假设 x_{ij} 表示第 i（我们分别用 1、2、3 表示产品甲、乙、丙）种产品中原材料 j 的含量。例如，x_{13} 就表示产品甲中第三种原材料的含量，我们的目标是要使利润最大，利润的计算公式如下：

$$利润 = \sum_{i=1}^{3}（销售单价 \times 该产品的数量）- \sum_{j=1}^{3}（每种原料单价 \times 使用原料数量）$$

故得：

$$\max Z = 50(x_{11} + x_{12} + x_{13}) + 35(x_{21} + x_{22} + x_{23}) + 25(x_{31} + x_{32} + x_{33})$$
$$- 65(x_{11} + x_{21} + x_{31}) - 25(x_{12} + x_{22} + x_{32}) - 35(x_{13} + x_{23} + x_{33})$$
$$= -15x_{11} + 25x_{12} + 15x_{13} - 30x_{21} + 10x_{22} - 40x_{31} - 10x_{33}$$

由表 3-3 可知：

$$x_{11} \geq 0.5（x_{11} + x_{12} + x_{13}）$$
$$x_{12} \leq 0.25（x_{11} + x_{12} + x_{13}）$$
$$x_{21} \geq 0.25（x_{21} + x_{22} + x_{23}）$$
$$x_{22} \leq 0.5（x_{21} + x_{22} + x_{23}）$$

由表 3-4 中可知加入产品甲、乙、丙的原材料不能超过原材料的供应数量的限额，所以：

$$x_{11} + x_{21} + x_{31} \leq 100$$

$$x_{12} + x_{22} + x_{32} \leqslant 100$$

$$x_{13} + x_{23} + x_{33} \leqslant 60$$

通过整理得到此问题的约束条件如下：

$$0.5x_{11} - 0.5x_{12} - 0.5x_{13} \geqslant 0$$

$$-0.25x_{11} + 0.75x_{12} - 0.25x_{13} \leqslant 0$$

$$0.75x_{21} - 0.25x_{22} - 0.25x_{23} \geqslant 0$$

$$-0.5x_{21} + 0.5x_{22} - 0.5x_{23} \leqslant 0$$

$$x_{11} + x_{21} + x_{31} \leqslant 100$$

$$x_{12} + x_{22} + x_{32} \leqslant 100$$

$$x_{13} + x_{23} + x_{33} \leqslant 60$$

$$x_{ij} \geqslant 0, \ (i = 1, \ 2, \ 3; \ j = 1, \ 2, \ 3)$$

此问题的数学模型如下：

$$\max Z = -15x_{11} + 25x_{12} + 15x_{13} - 30x_{21} + 10x_{22} - 40x_{31} - 10x_{33}$$

$$\text{s. t.} \begin{cases} 0.5x_{11} - 0.5x_{12} - 0.5x_{13} \geqslant 0 \\ -0.25x_{11} + 0.75x_{12} - 0.25x_{13} \leqslant 0 \\ 0.75x_{21} - 0.25x_{22} - 0.25x_{23} \geqslant 0 \\ -0.5x_{21} + 0.5x_{22} - 0.5x_{23} \leqslant 0 \\ x_{11} + x_{21} + x_{31} \leqslant 100 \\ x_{12} + x_{22} + x_{32} \leqslant 100 \\ x_{13} + x_{23} + x_{33} \leqslant 60 \\ x_{ij} \geqslant 0, \ (i = 1, \ 2, \ 3; \ j = 1, \ 2, \ 3) \end{cases}$$

此线性规划问题的计算机解为 $x_{11} = 100$，$x_{12} = 50$，$x_{13} = 50$，其余的 $x_{ij} = 0$，也就是说每天只生产产品甲 200 千克，分别需要用第一种原材料 100 千克，第二种原材料 50 千克，第三种原材料 50 千克。

【例 3 - 4】某炼油厂生产三种规格的汽油：70 号、80 号与 85 号，它们各有不同的辛烷值与含硫量的质量要求。这三种汽油由三种原料油调和而成。每种原料油每日可用量、质量指标及生产成本如表 3 - 5 所示，每种汽油的质量要求和销售价格如表 3 - 6 所示。假定在调和中辛烷值和含硫量指标都符合线性可加性。问：该炼油厂如何安排生产才能使其利润最大？

表 3 - 5　　　　　　　　　　　原料油的质量及成本数据表

序号 (I)	原料	辛烷值	含硫量（%）	成本（元·t^{-1}）	可用量（t·$日^{-1}$）
1	直馏汽油	62	1.5	600	2 000
2	催化汽油	78	0.8	900	1 000
3	重整汽油	90	0.2	1 400	500

表 3-6　　　　　　　　　　　汽油产品的质量要求与销售价表

序号（J）	产品	辛烷值	含硫量（%）	销售价（元·t⁻¹）
1	70 号汽油	≥70	≤1	900
2	80 号汽油	≥80	≤1	1 200
3	85 号汽油	≥85	≤0.6	1 500

解：〖例 3-4〗建立数学模型的关键是决策变量的选择。如果选择各种汽油产品的产量，在建立数学模型时会遇到一些困难，我们定义决策变量 x_{ij} 为第 i 种原料调入第 j 种产品油中的数量。p_j 表示第 j 种产品的单位销售价格；c_i 为第 i 种原料的单位生产成本；e_i 与 e_j 分别为原料油和产品油的辛烷值，h_i 和 h_j 分别为原料油与产品油的含硫量，s_i 为原料油每日的可用量。我们首先来考虑问题的目标函数。第 j 种汽油产品所产生的利润应为：

$$\sum_{i=1}^{3} (p_j - c_i) x_{ij}$$

因此，目标函数为：

$$\sum_{j=1}^{3} \sum_{i=1}^{3} (p_j - c_i) x_{ij}$$

约束条件应为三组，汽油产品的辛烷值要求：

$$e_1 x_{1j} + e_2 x_{2j} + e_3 x_{3j} \geq e_j'(x_{1j} + x_{2j} + x_{3j}), \quad j = 1, 2, 3$$

汽油产品的含硫量要求：

$$h_1 x_{1j} + h_2 x_{2j} + h_3 x_{3j} \leq h_j'(x_{1j} + x_{2j} + x_{3j}), \quad j = 1, 2, 3$$

原料油可用量的限制：

$$x_{i1} + x_{i2} + x_{i3} \leq s_i, \quad j = 1, 2, 3$$

因此，本题的数学模型为：

$$\max \sum_{j=1}^{3} \sum_{i=1}^{3} (p_j - c_i) x_{ij}$$

$$\text{s. t.} \begin{cases} \sum_{i=1}^{3} (e_i - e_i') x_{ij} \geq 0, & j = 1, 2, 3 \\ \sum_{i=1}^{3} (h_i - h_i') x_{ij} \geq 0, & j = 1, 2, 3 \\ \sum_{j=1}^{3} x_{ij} \leq s_i, & j = 1, 2, 3 \\ x_{ij} \geq 0, & (i, j = 1, 2, 3) \end{cases}$$

将已知数值代入并化简后，其数学模型为：

$$\max Z = 300 x_{11} + 0 x_{21} - 500 x_{31} + 600 x_{12} + 300 x_{22}$$
$$- 200 x_{32} + 900 x_{13} + 600 x_{23} + 100 x_{33}$$

$$
\text{s. t.}
\begin{cases}
-8x_{11} + 8x_{21} + 20x_{31} \geqslant 0 \\
-18x_{12} - 2x_{22} + 10x_{32} \geqslant 0 \\
-23x_{13} - 7x_{23} + 5x_{33} \geqslant 0 \\
0.5x_{11} - 0.2x_{21} - 0.8x_{31} \leqslant 0 \\
0.5x_{12} - 0.2x_{22} - 0.8x_{32} \leqslant 0 \\
0.9x_{13} + 0.2x_{23} - 0.4x_{33} \leqslant 0 \\
x_{11} + x_{12} + x_{13} \leqslant 2\,000 \\
x_{21} + x_{22} + x_{23} \leqslant 1\,000 \\
x_{31} + x_{32} + x_{33} \leqslant 500 \\
x_{ij} \geqslant 0, \quad (i,\ j = 1,\ 2,\ 3)
\end{cases}
$$

3.4　生 产 问 题

　　有不少产品的生产过程是要通过许多道工序来完成。而各道工序之间的联系是可以用数学模型来描述，人们可以运用数学模型来优化其生产过程，提高设备利用率，从而提高经济效益。而其中有些问题只需建立线性规划模型就可以达到优化目的。

　　【例 3 - 5】某公司面临一个是外包协作还是自行生产的问题。公司生产甲、乙、丙三种产品，都需要经过铸造、机加工和装配三个车间。甲、乙两种产品的铸件可以外包协作或自行生产，但丙必须由本厂铸造才能保证质量。数据如表 3 - 7 所示。问：公司为了获得最大利润，甲、乙、丙三种产品各生产多少件？甲、乙两种产品的铸造中，由本公司铸造和由外包协作各应多少件？

表 3 - 7　　　　　　　　　　　　**产品相关数据表**

	甲	乙	丙	资源限制
铸造工时（小时/件）	5	10	7	8 000
机加工工时（小时/件）	6	4	8	12 000
装配工时（小时/件）	3	2	2	10 000
自产铸件成本（元/件）	3	5	4	
外协铸件成本（元/件）	5	6	—	
机加工成本（元/件）	2	1	3	
装配成本（元/件）	3	2	2	
产品售价（元/件）	23	18	16	

　　解：设 x_1、x_2、x_3 分别为三刀工序都由本公司加工的甲、乙、丙三种产品的

应用运筹学

件数，x_4、x_5 分别为由外包协作铸造再由本公司进行机械加工和装配的甲、乙两种产品的件数。每件产品的利润如下：

产品甲全部自制的利润：$23 - (3 + 2 + 3) = 15$（元）；

产品甲铸造工序外包，其余工序自行生产的利润：$23 - (5 + 2 + 3) = 13$（元）；

产品乙全部自制的利润：$18 - (5 + 1 + 2) = 10$（元）；

产品乙铸造工序外包，其余工序自行生产的利润：$18 - (6 + 1 + 2) = 9$（元）；

产品丙的利润：$16 - (4 + 3 + 2) = 7$（元）；

建立线性规划模型如下：

$$\max Z = 15x_1 + 10x_2 + 7x_3 + 13x_4 + 9x_5$$

$$\text{s. t.} \begin{cases} 5x_1 + 10x_2 + 7x_3 \leqslant 8\ 000 & \text{（铸造）} \\ 6x_1 + 4x_2 + 8x_3 + 6x_4 + 4x_5 \leqslant 12\ 000 & \text{（机械加工）} \\ 3x_1 + 2x_2 + 2x_3 + 3x_4 + 2x_5 \leqslant 10\ 000 & \text{（装配）} \\ x_1,\ x_2,\ x_3,\ x_4,\ x_5 \geqslant 0 \end{cases}$$

【例 3 - 6】某日化厂生产洗衣粉和洗涤剂，生产原料由市场供应：5 元/千克，供应量无限制。该厂加工 1 千克原料可产出 0.5 千克普通洗衣粉和 0.3 千克普通洗涤剂。工厂还可以对普通洗衣粉及普通洗涤剂进行精加工。加工 1 千克普通洗衣粉可得到 0.5 千克浓缩洗衣粉，加工 1 千克普通洗涤剂可产出 0.25 千克高级洗涤剂，加工示意图见图 3 - 1，市场售价为每千克普通洗衣粉为 8 元；每千克浓缩洗衣粉为 24 元；每千克普通洗涤剂为 12 元；每千克高级洗涤剂为 55 元。每加工 1 千克原料的加工成本为 1 元，每千克精加工产品的加工成本为 3 元，工厂设备每天最多可处理 4 吨原料，而对精加工没有限制。若市场对产品也没有限制，问该厂应如何安排生产能使每日利润最大？

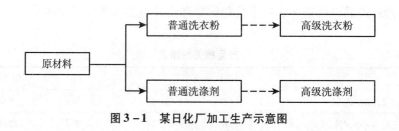

图 3 - 1　某日化厂加工生产示意图

解： 设每日生产普通洗衣粉的产量为 x_1 千克，生产浓缩洗衣粉的产量为 x_2 千克，生产普通洗涤剂的产量为 x_3 千克，生产高级洗涤剂的产量为 x_4 千克，每日加工原料 x_0 千克。

工厂的利润 Z 应是每日的产品销售价减去原料成本与加工成本，故目标函数为：

$$\max Z = 8x_1 + 24x_2 + 12x_3 + 55x_4 - 3x_2 - 3x_4 - 5x_0 - x_0$$

约束条件为加工过程中物流的平衡约束及原料的供应限制：

$$0.5x_0 = x_1 + \frac{x_2}{0.5}$$

· 34 ·

$$0.3x_0 = x_3 + \frac{x_4}{0.25}$$

$$x_0 \leqslant 4\,000$$

整理化简并加上非负约束可得本例的数学模型为：

$$\max Z = 8x_1 + 21x_2 + 12x_3 + 52x_4 - 6x_0$$

$$\text{s. t.} \begin{cases} 0.5x_0 - x_1 - 2x_2 = 0 \\ 0.3x_0 - x_3 - 4x_4 = 0 \\ x_0 \leqslant 4\,000 \\ x_i \geqslant 0, \ (i = 1,\ 2,\ 3,\ 4,\ 5) \end{cases}$$

3.5　有配套约束的资源优化问题

这是一类常见的线性规划问题：在一定的资金（或其他资源）限制条件下，所研究的对象又有配套要求，属于这类问题的有购买产品问题、产品加工的设备分配问题等。

【例 3 - 7】 购买产品问题。

某公司计划用资金 600 万元来购买 A、B、C 三种运输汽车。已知 A 种汽车每辆为 10 万元，每班需一名司机，可完成 2 100 吨·千米。B 种汽车每辆为 20 万元，每班需两名司机，可完成 3 600 吨·千米。C 种汽车每辆 23 万元，每班需要两名司机，可完成 3 780 吨·千米。每辆汽车每天最多安排三班，每个司机每天最多安排一班。购买汽车数量不超过 30 辆、司机不超过 145 人。问：每种汽车应购买多少辆，可使该公司今后每天可完成的吨·千米数最大？

解： 设购买的 A 种汽车中，每天只安排一班的为 x_{11} 辆，每天安排二班的为 x_{12} 辆，每天安排三班的 x_{13} 辆；同样设购买 B 种汽车为：x_{21}、x_{22}、x_{23} 辆；购买 C 种汽车为 x_{31}、x_{32}、x_{33} 辆，因此有：

$$\max Z = 0.21x_{11} + 0.42x_{12} + 0.63x_{13} + 0.36x_{21} + 0.72x_{22}$$
$$+ 1.08x_{23} + 0.378x_{31} + 0.756x_{32} + 1.134x_{33}$$

$$\text{s. t.} \begin{cases} 10(x_{11} + x_{12} + x_{13}) + 20(x_{21} + x_{22} + x_{23}) + 23(x_{31} + x_{32} + x_{33}) \leqslant 600 \\ x_{11} + x_{12} + x_{13} + x_{21} + x_{22} + x_{23} + x_{31} + x_{32} + x_{33} \leqslant 30 \\ x_{11} + 2x_{12} + 3x_{13} + 2x_{21} + 4x_{22} + 6x_{23} + 2x_{31} + 4x_{32} + 6x_{33} \leqslant 145 \\ x_{ij} \geqslant 0, \ (i,\ j = 1,\ 2,\ 3) \end{cases}$$

【例 3 - 8】 产品加工的设备分配问题。

某工厂生产三种产品 Ⅰ、Ⅱ、Ⅲ，每种产品均要经过 A、B 两道工序加工，该厂现有两种规格的设备 A_1、A_2 均能完成 A 道工序；有三种规格的设备 B_1、B_2、B_3 能完成 B 工序，而产品 Ⅰ 可在 A、B 的任一种规格的设备上加工；产品 Ⅱ 可在 A_1、A_2 的任一种设备上完成工序，但只能在 B_1 上完成 B 工序；产品 Ⅲ 只能

応用运筹学

在 A_2 与 B_2 设备上加工。已知在各种设备上加工的单件工时、原料单价、产品销售单价、各种设备的有效台时以及满负荷操作时的设备费用，见表 3-8。现要制订产品的加工方案，使该厂利润最大。

表 3-8　　　　　　　　　　　产品相关数据表

设备	产品的单件工时			设备的有效台时	满负荷时的设备费用/元
	Ⅰ	Ⅱ	Ⅲ		
A_1	5	10	—	6 000	300
A_2	7	9	12	10 000	321
B_1	6	8	—	4 000	250
B_2	4	—	11	7 000	783
B_3	7	—	—	4 000	200
原料单价（元/件）	0.25	0.35	0.50		
销售单价（元/件）	1.25	2.00	2.80		

解：本例比〚例 3-7〛稍复杂一些，产品与设备的配套不仅呈现多样化，而且有可选择性。现在将产品与设备的配套方案全部列出，都作为决策变量，这样建立数学模型较为方便。产品Ⅰ的加工方案有 6 种，分别可采用：A_1 与 B_1，A_1 与 B_2，A_1 与 B_3，A_2 与 B_1，A_2 与 B_2，A_2 与 B_3 的设备组合。记 x_{11}，x_{12}，x_{13}，x_{14}，x_{15}，x_{16} 分别表示 6 个方案加工产品Ⅰ的件数，产品Ⅱ的加工方案为：A_1 与 B_1，A_2 与 B_1 的设备组合，记 x_{21}，x_{22} 分别表示用这两个方案加工产品Ⅱ的件数。记 x_{31} 表示用设备 A_2 与 B_2 加工产品Ⅲ的件数。

该厂一个加工周期的利润 $= \sum_{i=1}^{3}$［（销售单价 − 原料单价）× 该产品件数］− $\sum_{j=1}^{5}$（每台时的设备费用 × 该设备实际使用的总台时）。故目标函数为：

$$
\begin{aligned}
\max Z = &(1.25 - 0.25)(x_{11} + x_{12} + x_{13} + x_{14} + x_{15} + x_{16}) \\
&+ (2.00 - 0.35)(x_{21} + x_{22}) + (2.80 - 0.50)x_{31} \\
&- \frac{300}{6\,000}[5(x_{11} + x_{12} + x_{13}) + 10x_{21}] \\
&- \frac{321}{10\,000}[7(x_{14} + x_{15} + x_{16}) + 9x_{22} + 12x_{31}] \\
&- \frac{250}{4\,000}[6(x_{11} + x_{14}) + 8(x_{21} + x_{22})] \\
&- \frac{783}{7\,000}[4(x_{12} + x_{15}) + 11x_{31}] \\
&- \frac{200}{4\,000}[7(x_{13} + x_{16})]
\end{aligned}
$$

化简后可得：

$$\max Z = 0.375x_{11} + 0.3024x_{12} + 0.40x_{13} + 0.4003x_{14} + 0.3277x_{15}$$
$$+ 0.4253x_{16} + 0.65x_{21} + 0.8611x_{22} + 0.6839x_{31}$$

$$\text{s. t.}\begin{cases} 5(x_{11} + x_{12} + x_{13}) + 10x_{21} \leqslant 6\,000 \\ 7(x_{14} + x_{15} + x_{16}) + 9x_{22} + 12x_{31} \leqslant 10\,000 \\ 6(x_{11} + x_{14}) + 8(x_{21} + x_{22}) \leqslant 4\,000 \\ 4(x_{12} + x_{15}) + 11x_{31} \leqslant 7\,000 \\ 7(x_{13} + x_{16}) \leqslant 4\,000 \\ x_{ij} \geqslant 0 \end{cases}$$

3.6　投 资 问 题

最基本而又较常见的投资问题主要有两类：一类是对投资项目的选择，而这些投资项目都是期初一次性投资；另一类是动态的连续投资问题。即每个项目可能需要连续几年进行投资，这期间有投资也可能有收益。

3.6.1　投资项目组合选择

投资者经常会遇到投资项目的组合选择问题，要考虑的因素有收益率、风险、增长潜力等条件，并进行综合权衡，以求得一个最佳投资方案，举例如下：

【例 3 - 9】某投资者有 50 万元可用于长期投资，可供选择的投资项目包括购买国库券、购买公司债券、投资房地产、购买股票、银行短期或长期储蓄。各种投资方式的投资期限、年收益率、风险系数、增长潜力的具体参数见表 3 - 9。若投资者希望投资组合的平均年限不超过 5 年，平均的期望收益率不低于 13%，风险系数不超过 4，收益的增长潜力不低于 10%。问：在满足上述要求前提下，投资者该如何选择投资组合使平均年收益率最高？

表 3 - 9　　　　　　　　　　　各种投资项目的参数表

序号	投资方式	投资期限（年）	年收益率（%）	风险系数	增长潜力（%）
1	国库券	3	11	1	0
2	公司债券	10	15	3	15
3	房地产	6	25	8	30
4	股票	2	20	6	20
5	短期储蓄	1	10	1	5
6	长期储蓄	5	12	2	10

解：设 x_i 为第 i 种投资方式在总投资中所占比例，则数学模型为：

$$\max Z = 11x_1 + 15x_2 + 25x_3 + 20x_4 + 10x_5 + 12x_6$$

$$\text{s. t.} \begin{cases} 3x_1 + 10x_2 + 6x_3 + 2x_4 + x_5 + 5x_6 \leqslant 5 \\ 11x_1 + 15x_2 + 25x_3 + 20x_4 + 10x_5 + 12x_6 \geqslant 13 \\ x_1 + 3x_2 + 8x_3 + 6x_4 + x_5 + 2x_6 \leqslant 4 \\ 15x_2 + 30x_3 + 20x_4 + 5x_5 + 10x_6 \geqslant 10 \\ x_1 + x_2 + x_3 + x_4 + x_5 + x_6 = 1 \\ x_j \geqslant 0, \ j = 1, \ 2, \ \cdots, \ 6 \end{cases}$$

3.6.2 连续投资问题

在项目的投资期内，需要对项目连续进行投资，且也有收益，这样在投资期内可能需要不断进行选择，这本是一个与时间有关的连续投资问题（动态问题）现可以利用线性规划静态化处理。举例如下：

【例 3 - 10】某投资者有资金 10 万元，考虑在今后 5 年内给下列四个项目进行投资，已知：

项目 A：从第 1 年到第 4 年每年年初需要投资，并于次年年末回收本利 115%。

项目 B：第 3 年年初需要投资，到第 5 年年末能回收本利共 125%。但最大投资额不超过 4 万元。

项目 C：第 2 年年初需要投资，到第 5 年年末能回收本利 140%，但最大投资额不超过 3 万元。

项目 D：5 年内每年年初可购买公债，于当年年末归还，并加利息 6%。

问：该投资者应如何安排他的资金，确定给这些项目每年的投资额，使到第 5 年年末能拥有的资金本利总额为最大？

解：记 x_{iA}、x_{iB}、x_{iC}、x_{iD}（$i = 1$, 2, 3, 4, 5）分别表示第 i 年年初给项目 A、B、C、D 的投资额，它们都是决策变量，为了便于书写数学模型，列表 3 - 10。

表 3 - 10 项目年份投资表

项目	第 1 年	第 2 年	第 3 年	第 4 年	第 5 年
A	x_{1A}	x_{2A}	x_{3A}	x_{4A}	
B			x_{3B}		
C		x_{2C}			
D	x_{1D}	x_{2D}	x_{3D}	x_{4D}	x_{5D}

根据项目 A、B、C、D 的不同情况，在第 5 年年末能收回的本利分别为：
$1.15x_{4A}$、$1.25x_{3B}$、$1.40x_{2C}$ 及 $1.06x_{5D}$，因此，目标函数为：

$$\max Z = 1.15x_{4A} + 1.25x_{3B} + 1.40x_{2C} + 1.06x_{5D}$$

约束条件是每年年初的投资额应等于该投资者年初所拥有的资金。

第 1 年年初该投资者拥有 10 万元资金，故有：

$$x_{1A} + x_{1D} = 100\,000$$

第 2 年年初该投资者手中拥有资金只有 $(1+6\%)x_{1D}$，故有：

$$x_{2A} + x_{2C} + x_{2D} = 1.06x_{1D}$$

第 3 年年初该投资者拥有资金为从 D 项目收回的本金：$1.06x_{2D}$ 及从项目 A 中第 1 年投资收回的本金 $1.15x_{1A}$，故有：

$$x_{3A} + x_{3B} + x_{3D} = 1.15x_{1A} + 1.06x_{2D}$$

同理第 4 年、第 5 年为：

$$x_{4A} + x_{4D} = 1.15x_{2A} + 1.06x_{3D}$$
$$x_{5D} = 1.15x_{3A} + 1.06x_{4D}$$

故本题数学模型简化后为：

$$\max Z = 1.15x_{4A} + 1.25x_{3B} + 1.40x_{2C} + 1.06x_{5D}$$

$$\text{s. t.}\begin{cases} x_{1A} + x_{1D} = 100\,000 \\ -1.06x_{1D} + x_{2A} + x_{2C} + x_{2D} = 0 \\ -1.15x_{1A} - 1.06x_{2D} + x_{3A} + x_{3B} + x_{3D} = 0 \\ -1.15x_{2A} - 1.06x_{3D} + x_{4A} + x_{4D} = 0 \\ -1.15x_{3A} - 1.06x_{4D} + x_{5D} = 0 \\ x_{2C} \leqslant 30\,000 \\ x_{3B} \leqslant 40\,000 \\ x_{iA},\ x_{iB},\ x_{iC},\ x_{iD} \geqslant 0,\ (i = 1,\ 2,\ 3,\ 4,\ 5) \end{cases}$$

计算结果为：

第 1 年：$x_{1A} = 34\,783$ 元，$x_{1D} = 65\,217$ 元

第 2 年：$x_{2A} = 39\,130$ 元，$x_{2C} = 30\,000$ 元，$x_{2D} = 0$

第 3 年：$x_{3A} = 0$，$x_{3B} = 40\,000$ 元，$x_{3D} = 0$

第 4 年：$x_{4A} = 45\,000$ 元，$x_{4D} = 0$

第 5 年：$x_{5D} = 0$

到第 5 年年末该投资者收回本利共 143 750 元，即营利 43.75%。

【习题】

1. 某饲养场饲养动物，设每只动物每天至少需要 70 克蛋白质、3 克矿物质、12 毫克维生素。现有五种饲料可供选用，各种饲料每千克营养成分含量及单价如表 3 - 11 所示。

试确定既能满足动物生长的营养要求，又能使费用最节省的选择饲料的

方案。

表 3－11   饲料成分和单价表

饲料	蛋白质（克）	矿物质（克）	维生素（毫克）	价格（元/千克）
1	3	1	0.6	2
2	2	0.5	1.2	8
3	1	0.3	0.1	3
4	6	2	2	4
5	17	0.6	0.9	9

2. 有 A_1、A_2、A_3、A_4 四种零件均可在设备 B_1 或 B_2 上加工，已知在这两种设备上分别加工一个零件的费用如表 3－12 所示。现要求 A_1、A_2、A_3、A_4 四种零件各 4 件。问：应如何安排使总的费用最小？

表 3－12   零件加工费用表

设备	零件			
	A_1	A_2	A_3	A_4
B_1	50	70	80	40
B_2	30	90	60	80

3. 一家昼夜服务的饭店，24 小时中需要的服务员数量如表 3－13 所示。

每个服务员每天连续工作 8 小时，且在时段开始时上班。问：要满足上述要求，需最少配备多少服务员？

表 3－13   服务员需求表

时间	服务员的最少人数
2 ~ 6	4
6 ~ 10	8
10 ~ 14	10
14 ~ 18	7
18 ~ 22	12
22 ~ 2	4

4. 新华超市是个中型超市，它对售货员的需求经过统计分析如表 3－14 所示。为了保证售货人员充分休息，售货人员每周工作 5 天，休息 2 天，并要求

休息的 2 天是连续的。问：应如何安排售货人员的作息，才能满足工作需要，又使配备的售货人员的人数最少？

表 3 - 14　　　　　　　　　售货人员需求表

时间	所需售货人员
星期一	16
星期二	25
星期三	26
星期四	20
星期五	32
星期六	40
星期日	36

5. 某锅炉制造厂要生产一种新型的锅炉 10 台，需要原材料直径为 63.5 毫米的锅炉钢管，每台锅炉需要不同长度的锅炉钢管数量如表 3 - 15 所示。库存的原材料的长度只有 5 500 毫米一种规格钢管。问：如何下料，才能使总的用料根数最少？需要多少根原材料？

表 3 - 15　　　　　　　　　锅炉钢管需求表

规格（毫米）	需要数量（根）	规格（毫米）	需要数量（根）
2 640	8	1 770	42
1 651	35	1 440	1

6. 一家工厂制造三种产品，需要三种资源：技术服务、劳动力和行政管理。表 3 - 16 列出了三种单位产品对每种资源的需要量。现有 100 小时的技术服务、600 小时的劳动力和 300 小时的行政管理时间可供使用。试确定能使总利润最大的生产方案。

表 3 - 16　　　　　　　　　产品资源需求表

产品	资源（小时）			单位利润（元）
	技术服务	劳动力	行政管理	
1	1	10	2	10
2	1	4	2	6
3	1	5	6	4

7. 某种产品包括三个部件，它们是由 4 个不同的部门生产的，而每个部门

有一个有限的生产时数，表3-17给出三个部门的生产率，现在要确定每一部门分配给每一部件的工作时数，使得完成产品的件数最多。试建立这个问题的线性规划模型（不求解）。

表3-17 部门能力和生产率表

部门	能力	生产率		
		部件1	部件2	部件3
1	100	10	15	5
2	150	15	10	5
3	80	20	5	10
4	200	10	15	20

8. 市场对 I、II 两种产品的需求量为：产品 I 在1~4月每月需10 000件，5~9月每月30 000件，10~12月为每月10 000件；产品 II 在3~9月每月15 000件，其他月每月50 000件。某厂生产这两种产品成本为产品 I 在1~5月内生产每件5元。6~12月内生产时每件4.50元；产品 I 在1~5月内生产每件8元，6~12月内生产每件7元，该厂每月生产两种产品能力总和应不超过120 000件，产品 I 体积每件0.2立方米，产品 II 每件0.4立方米，而该厂仓库容积为15 000立方米。

要求：

（1）说明上述问题无可行解。

（2）若该厂仓库不足时，可从外厂租借。若占用本厂每月每立方米库容需1元，而租用外厂仓库时上述费用增加为1.5元。

问：在满足市场需求情况下，该厂应如何安排生产，使总的生产加库存费用为最少（建立模型，不求解）。

9. 某工厂想要把具有下列成分的几种合金混合成为一种含铅、锌及锡分别不低于30%、20%与50%的新合金，合金成分和费用如表3-18所示。问：怎样混合才能使生产费用最小？试建立该问题的线性规划模型（不求解）。

表3-18 合金成分和费用表

成分	合金				
	1	2	3	4	5
含铅（%）	30	10	50	10	50
含锌（%）	60	20	20	10	10
含锡（%）	10	70	30	80	40
费用（元/千克）	8.5	6.0	8.9	5.7	8.8

10. 市场对Ⅰ、Ⅱ两种产品的需求量为：产品Ⅰ在 1~4 月每月需 10 000 件，5~9 月每月 30 000 件，10~12 月为每月 10 000 件；产品Ⅱ在 3~9 月每月 15 000 件，其他月每月 50 000 件。某厂生产这两种产品成本为产品Ⅰ在 1~5 月内生产每件 5 元，6~12 月内生产时每件 4.5 元；产品Ⅰ在 1~5 月内生产每件 8 元，6~12 月内生产每件 7 元，该厂每月生产两种产品能力总和应不超过 120 000 件，产品Ⅰ体积每件 0.2 立方米，产品Ⅱ每件 0.4 立方米，而该厂仓库容积为 15 000 立方米。

要求：

（1）说明上述问题无可行解。

（2）若该厂仓库不足时，可从外厂租借。若占用本厂每月每立方米库容需 1 元，而租用外厂仓库时上述费用增加为 1.5 元。问：在满足市场需求情况下，该厂应如何安排生产，使总的生产加库存费用为最少（建立模型，不求解）。

11. 对某厂Ⅰ、Ⅱ、Ⅲ三种产品下一年各季度的合同预订数如表 3-19 所示。

表 3-19　　　　　　　　　　产品预订表

产品	季度			
	1	2	3	4
Ⅰ	1 500	1 000	2 000	1 200
Ⅱ	1 500	1 500	1 200	1 500
Ⅲ	1 000	2 000	1 500	2 500

该三种产品第 1 季度初无库存，要求在第 4 季度末各库存 150 件。已知该厂每季度生产工时为 15 000 小时，生产Ⅰ、Ⅱ、Ⅲ产品每件分别需时 2、4、3 小时。因更换工艺装备，产品Ⅰ在第 2 季度无法生产。规定当产品不能按期交货时，产品Ⅰ、Ⅱ每件每迟交一个季度赔偿 20 元，产品Ⅲ赔偿 10 元；又生产出来产品不在本季度交货的，每件每季度的库存费用为 5 元。问：该厂应如何安排生产，使总的赔偿加库存的费用为最小（要求建立数学模型，不求解）。

12. 某公司受委托，准备把 150 万元投资基金 A 和 B，其中：A 基金的单位投资额为 100 元，年回报率为 10%，基金 B 的单位投资额为 200 元，年回报率为 5%。委托人要求为每年的年回报金额至少达到 5 万元的基础上投资风险最小，据测定单位基金 A 的投资风险指数为 8，单位基金 B 的投资风险指数为 4，风险指数越大表明投资风险越大，委托人要求至少在基金 B 中的投资额不少于 30 万元。为了使总的投资风险指数最小，该公司应该在基金 A 和 B 中各投资多少？这时每年的回报金额是多少？

13. 某咨询公司受厂商的委托对新上市的一种产品进行消费者反映的调查。该公司采用了挨户调查的方法，委托他们调查的厂商以及该公司的市场研究专家对该调查提出下列几点要求：

（1）必须调查 2 000 户家庭。

（2）在晚上调查的户数和在白天调查的户数相等。

（3）至少应调查 700 户有孩子的家庭。

（4）至少应调查 450 户无孩子的家庭。

调查一户家庭所需费用如表 3 - 20 所示。

表 3 - 20   调查费用表

家庭	白天调查	晚上调查
有孩子	25 元	30 元
无孩子	20 元	26 元

请用线性规划的方法，确定白天和晚上调查这两种家庭的户数，使得总调查费最少？

14. 一种汽油的特征可用两个指标描述：其点火性用"辛烷数"描述，其挥发性用"蒸汽压力"描述，某炼油厂有 4 种标准汽油，其标号分别为 1、2、3、4，各种标号的标准汽油的特性及库存量列于表 3 - 21 中，将上述标准汽油适量混合，可得两种飞机汽油，分别标为 1 和 2，这两种飞机汽油的性能指标及产量需求列于表 3 - 22 中。问：应如何根据库存情况适量混合各种标准汽油，使既满足飞机汽油的性能指标，而产量又最高。（$1g/cm^2 = 98Pa$）

表 3 - 21   标准汽油特性和库存量表

标准汽油	辛烷数	蒸汽压力（g/cm^2）	库存量（L）
1	107.5	7.11×10^{-2}	380 000
2	93.0	11.38×10^{-2}	262 200
3	87.0	5.69×10^{-2}	408 100
4	108.0	28.45×10^{-2}	130 100

表 3 - 22   飞机汽油的性能指标及产量需求表

飞机汽油	辛烷数	蒸汽压力（g/cm^2）	产量需求（L）
1	≥91	≤9.96×10^{-2}	越多越好
2	≥100	≤9.96×10^{-2}	≥250 000

15. 某战略轰炸机群奉命摧毁敌人军事目标。已知该目标有四个要害部位，

只要摧毁其中之一即可达到目的。为完成此项任务的汽油消耗量限制为 48 000 升、重型炸弹 48 枚、轻型炸弹 32 枚。飞机携带重型炸弹时每升汽油可飞行 2 公里，带轻型炸弹时每升汽油可飞行 3 公里。又知每架飞机每次只能装载一枚炸弹，没出发轰炸一次除来回路程汽油消耗（空载时每升汽油可飞行 4 公里）外，起飞和降落每次可消耗 100 升。有关数据如表 3－23 所示。

表 3－23　　　　　　　　要害部位距离和摧毁可能性表

要害部位	离机场距离（公里）	摧毁可能性	
		每枚重型弹	每枚轻型弹
1	450	0.10	0.08
2	480	0.20	0.16
3	540	0.15	0.12
4	600	0.25	0.20

为了使摧毁敌方军事目标的可能性最大，应如何确定飞机轰炸的方案，要求建立这个问题的线性规划模型（不必求解）。

16. 一家公司有 A 和 B 两个公司，每个工厂生产两种同样的产品。一种是普通的，一种是精制的。普通产品每件可盈利 10 元，精制产品每件可盈利 15 元。两厂采用相同的加工工艺——研磨和抛光来生产这些产品。A 厂每周的研磨能力为 80 小时，抛光能力为 60 小时；B 厂每周的研磨能力为 60 小时，抛光能力为 75 小时。两厂生产各类单位产品所需的研磨和抛光工时（以小时计）如表 3－24 所示。

表 3－24　　　　　两厂生产各类单位产品所需的研磨和抛光工时表

产品	A 工厂		B 工厂	
	普通	精制	普通	精制
研磨	4	2	5	3
抛光	2	5		3

另外，每类每件产品都消耗 4 千克原材料，该公司每周可获得原材料 150 千克。

问：

（1）若将原材料分配给 A 厂 100 千克，B 厂 50 千克。

（2）若原材料分配没有限制。

分别讨论上述两种情形下，应该如何制订生产计划可使总产值达到最大？

17. 前进仪器厂生产 B_1、B_2 两种产品。现有一家商场向该厂订货，要求该厂今年第 2 季度供应这两种产品，商场各月的需求量如表 3-25 所示。该厂的一般资源都很充裕，但有一种关键性设备 A_1 的公式和一种技术型很强的劳动力 A_2（以小时为单位）受到限制。另外，库存容量 A_3 当然也是有限的。具体数据如表 3-26 所示。库存费按月计算，每件 B_1 为 0.1 元，每件 B_2 为 0.2 元。从技术部门获得的每件产品对资源的消耗量也填写在表 3-25 中。会计部门根据过去的经验，计算出每月的生产成本如表 3-27 所示。该厂面临的决策问题是：根据现有资源情况和技术条件，应如何安排今年第 2 季度各月的生产计划，才能既满足商场需求，又使总的费用最小？

表 3-25　　　　　　　商场各月的需求量表　　　　单位：件

产品	月份		
	四月	五月	六月
B_1	2 000	4 000	5 000
B_2	1 000	1 500	2 500

表 3-26　　　　　　产品消耗资源和资源拥有量表

资源	B_1	B_2	资源拥有量		
			四月	五月	六月
A_1（小时）	0.4	0.6	500	600	650
A_2（小时）	0.3	0.2	400	350	300
A_3（立方米）	0.05	0.06	1 200	1 200	1 200

表 3-27　　　　　　　生产成本表　　　　单位：元

产品	月份		
	四月	五月	六月
B_1	7	9	10
B_2	12	14	15

18. 某公司在今后四个月内需租用仓库堆放物资。每个月所需的仓库面积数字如表 3-28 所示。

表 3 - 28		各月所需仓库面积			
月份		一月	二月	三月	四月
所需仓库面积（100 平方米）		15	10	20	12

当租借合同期限越长时，仓库的租借费用享受的折扣优惠也越大，具体数字如表 3 - 29 所示。

表 3 - 29	不同租期的租借费			
合同租借期限	1 个月	2 个月	3 个月	4 个月
合同期内 100 平方米仓库面积的租借费用（元）	2 800	4 500	6 000	7 300

租借仓库的合同每月初都可办理，每份合同具体规定租用面积数和期限。因此，该厂可根据需要在任何一个月初办理租借合同，且每次办理，可签一份，也可同时签若干份租用面积和租借期不同的合同，请用线性规划求出一个所付租借费为最小的租借方案。

【案例】

案例 1：顺丰快递温州大学城配送计划

10 月 11 日，温州大学城有 29 件快递需要在 17：00 ~ 17：30 完成配送，包括南校区 9 件，茶山镇 12 件，北校区 8 件，配送点在睦州垟，采用电瓶车配送，到南校区平均 6 分钟，到茶山镇平均 9 分钟，到北校区 13 分钟，各点间客户相距 3 分钟，每位客户交接时间 3 分钟，问：最少应该在这个时段安排多少配送员，如何配送才能完成任务。

案例 2：临时工问题

某快餐店开在旅游景点中，有两名正式员工，每天工作 8 小时，周六游客多时，可聘请临时工，临时工每班 4 小时，各时段需要的员工数如表 3 - 30 所示。

已知一名正式工 11 点开始上班，工作 4 小时后休息 1 小时，再工作 4 小时，另一名正式工 13 点开始上班，工作 4 小时后休息 1 小时，再工作 4 小时，临时工工资 40 元/小时。

（1）在满足对职工需求的条件下，如何安排临时工，使得用工成本最小？

（2）如果可以部分安排 3 小时的临时工班次，问应该如何安排，用工成本最小？

表 3 – 30   各时段需要的员工数

时间	所需职工数	时间	所需职工数
11：00～12：00	9	17：00～18：00	6
12：00～13：00	9	18：00～19：00	12
13：00～14：00	9	19：00～20：00	12
14：00～15：00	3	20：00～21：00	7
15：00～16：00	3	21：00～22：00	7
16：00～17：00	3		

第4章 运输问题

【导入案例】

一个农民承包了6块耕地共300亩，准备播种小麦、玉米、水果和蔬菜四种农产品，各种农产品的计划播种面积、每块土地种植不同农产品的单产收益如表4-1所示。问：如何安排种植计划，可得最大收益？

表4-1   不同农产品的单产收益表

	单产收益（元/亩）						计划播种面积（亩）
	地块1	地块2	地块3	地块4	地块5	地块6	
小麦	500	550	630	1 000	800	700	76
玉米	800	700	600	950	900	930	88
水果	1 000	960	840	650	600	700	96
蔬菜	1 200	1 040	980	860	880	780	40
地块面积（亩）	42	56	44	60	60	59	

4.1 运输问题概述

运输问题是运筹学的经典分支之一。它最初起源于人们日常生活中把某些物品从一些地方转移到另外一些地方，要求所采用的运输路线或运输方案是最经济的。随着管理、经济的不断发展，现代物流业蓬勃发展，如何充分利用时间、信息、仓储、配送和联运体系创造更多的价值，给传统运输问题赋予了新的内涵。尽管如此，对运输问题的基本思想的理解将有助于系统解决现代物流复杂的需、配、送等环节有限资源的最优化配置问题。

一般的运输问题是解决如何将某种物品从若干个产地（供应地）调运到多个销地（目的地），在每个产地的供应地、每个销地的需求量和各地之间的运输单价均已知的前提下，目的是在满足需求条件下确定一个运送货物的最佳路径（总的运输成本最小）。因此，一般运输问题具有以下特点：

（1）有多个产地和多个销地。

（2）每个产地的产量不尽相同，每个销地的销量也不尽相同。

（3）各产销两地之间的运价不尽相同。

（4）如何组织调运，在满足供应和需求的前提下使总运输费用（或里程、时间等）最小。

在经济建设中，经常出现各种运输活动。如粮食、煤、钢铁、木材等物资从全国各生产基地运到各个消费地区；又如，某厂的原材料从各生产基地运往各生产车间等。这些运输活动一般都有若干发货地点，简称产地；有若干个收货地点，简称销地；各产地各有一定的可供货量，简称产量；各销地有一定的需求量，简称销量，一般的运输问题就是要解决把某种产品从若干个产地调运到若干个销地，在每个产地的供应量与每个销地的需求量已知，并知道各地之间的运输单价的前提下，如何确定一个使得总的运输费用最小的方案的问题。为了研究方便，本章研究的运输问题主要是单一品种物资运输。该运输问题可具体表述为：某种物资有 m 个产地 $A_i(i=1, 2, \cdots, m)$ 和 n 个销地 $B_j(j=1, 2, \cdots, n)$。每个产地的产量记为 $a_i(i=1, 2, \cdots, m)$；每个销地的销量记为 $b_j(j=1, 2, \cdots, n)$；从 A_i 到 B_i 运输单位物资的运价（单价）记为 C_{ij}。在物资运输调度中，可列出问题的运输表。问：如何调运这些物资才能使总运输费用最小？产销运输如表 4-2 所示。其中，C_{ij} 表示从 A_i 到 B_i 的单位运费。

表 4-2　　　　　　　　　　　运输表

销地	产地				产量
	B_1	B_2	$\cdots$	B_n	
A_1	C_{11}	C_{12}	$\cdots$	C_{1n}	a_1
A_2	C_{21}	C_{22}	$\cdots$	C_{2n}	a_2
$\cdots$	$\cdots$	$\cdots$	$\cdots$	$\cdots$	$\cdots$
A_m	C_{m1}	C_{m2}	$\cdots$	C_{mn}	a_m
销量	b_1	b_2	$\cdots$	b_n	

下面分两种情况来讨论：

（1）$\sum_{i=1}^{m} a_i = \sum_{j=1}^{n} b_j$，即运输问题的总产量等于总销量，这样的运输问题称为产销平衡的运输问题；

（2）$\sum_{i=1}^{m} a_i \neq \sum_{j=1}^{n} b_j$，即运输问题的总产量不等于总销量，这样的运输问题称为产销不平衡的运输问题。

因为产销不平衡的运输问题可以转化为产销平衡运输问题，所以，我们重点讨论产销平衡的运输问题及其解法。然后在此基础上讨论产销不平衡的运输问题如何转变为产销平衡的运输问题。

在产销平衡条件下，从产地 A_i 运出的物资总量应该等于 A_i 的产量 a_i，因此，应该满足：

$$\sum_{j=1}^{n} x_{ij} = a_i, \ i = 1, 2, \cdots, m$$

同理，运到 B_j 的物资总量应该等于 B_j 的销量 b_j，因此，应该满足：

$$\sum_{i=1}^{m} x_{ij} = b_j, \ j = 1, 2, \cdots, n$$

总运费可描述为：

$$Z = \sum_{i=1}^{m} \sum_{j=1}^{n} c_{ij} x_{ij}$$

可得产销平衡运输问题的数学模型：

$$\min Z = \sum_{i=1}^{m} \sum_{j=1}^{n} c_{ij} x_{ij}$$

$$\begin{cases} \sum_{j=1}^{n} x_{ij} = a_i, \ i = 1, 2, \cdots, m \\ \sum_{i=1}^{m} x_{ij} = b_j, \ j = 1, 2, \cdots, n \\ x_{ij} \geq 0 \end{cases}$$

其中，a_i 和 b_j 满足：

$$\sum_{i=1}^{m} a_i = \sum_{j=1}^{n} b_j$$

【例 4-1】某公司从两个产地 A_1、A_2 将物品运往三个销地 B_1、B_2、B_3，各产地的产量、各销地的销量和各产地运往各销地的每件物品的运费如表 4-3 所示，问：应如何调运可使总运输费用最小？

表 4-3　　　　　　　　单位运价表　　　　　　　单位：元/吨

产地	销地			产量
	B_1	B_2	B_3	
A_1	6	4	6	200
A_2	6	5	5	300
销量	150	150	200	

4.2　运输问题应用

4.2.1　产销不平衡的运输问题

【例 4 - 2】某大学有三个校区，即一区、二区、三区，每年分别需要生活用煤和取暖用煤 3 000 吨、1 000 吨、2 000 吨，由 A、B 两处煤矿负责供应，这两处煤矿的价格相同，煤的质量也基本相同。A、B 两处煤矿能供应大学的煤的数量，A 为 4 000 吨，B 为 1 500 吨，由煤矿至大学校区的单位运价（元/吨）如表 4 - 4 所示，由于供小于求，经研究决定一区供应量可减少 0 ~ 300 吨，二区需要量应全部满足，三区供应量不少于 1 500 吨。求：总运费为最低的调运方案。

表 4 - 4　　　　　　　　　　　　单位运价表　　　　　　　　　单位：元/吨

产地	销地		
	一区	二区	三区
A	1.80	1.70	1.55
B	1.60	1.50	1.75

解：根据题意，做出产销平衡与运价表，如表 4 - 5 所示。在表中为了化成产销平衡的运输问题，我们增加了假想生产点这一行，产量为 500 吨。为了区别必须满足的调运量与可以不满足的调运量，我们把一区分成二列，一列为一区$_1$，它的销量是必须满足的 2 700 吨，另一列为一区$_2$，它的销量是可以不满足的 300 吨。为了必须满足 2 700 吨，我们把假想生产点到一区$_1$ 的运价定为大 M（是一个足够大的正数）。如果假想生产点调运到一区$_1$ 的煤炭为 $x_{31} > 0$，则为此付出的运费将为 $M \cdot x_{31}$，是个很大的正数，这显然不符合总运费最小的目标，这样就保证了 $x_{31} = 0$，但对于 C_{32} 我们就可以定为零，因为假想生产并没有煤炭运出，运价当然为零，又因为 C_{32} 可以为正数，所以 300 吨煤炭可以不满足。

另外 $C_{12} = C_{11} = 1.80$，$C_{22} = C_{21} = 1.60$ 对三区也进行了同样的处理，由于二区的煤炭必须都满足，所以不需要分两列，并令 $C_{32} = M$（注：表中的 M，可以是一个足够大的基数如 10 000），我们就得到了最优调运方案：$x_{11} = 2 700$，$x_{14} = 1 500$，$x_{15} = 300$，$x_{21} = 500$，$x_{23} = 1 000$，$x_{32} = 300$，$x_{35} = 200$。

其余变量都为零，总运费为 9 050 元，也就是说，A 运 2 200 吨给一区，运 1 800 吨给三区，B 运 500 吨给一区，运 1 000 吨给二区，这样最小运费为 9 050 元。

表 4 - 5   产销平衡与运价表

产地	销地					供应量（吨）
	一区₁	一区₂	二区	三区₁	三区₂	
A	1.80	1.80	1.70	1.55	1.55	4 000
B	1.60	1.60	1.50	1.75	1.75	1 500
假想生产点 C	M	0	M	M	0	500
需求量（吨）	2 700	300	1 000	1 500	500	6 000

【例 4 - 3】 设有三个化肥厂供应四个地区的农用化肥，假定等量的化肥在这些地区使用效果相同。各化肥厂年产量、各地区年需求量及从各化肥厂到各地区运送单位化肥的运价如表 4 - 6 所示，求：出总的运费最节省的化肥调拨方案。

表 4 - 6   单位运价表

产地	销地				产量（万吨）
	Ⅰ	Ⅱ	Ⅲ	Ⅳ	
A	16	13	22	17	50
B	14	13	19	15	60
C	19	20	23	—	50
最低需求（万吨）	30	70	0	10	
最低需求（万吨）	50	30	70	不限	

解： 这是一个产销不平衡的运输问题，总产量为 160 万吨，四个地区的最低需求为 110 万吨。最高需求为无限。根据现有产量，在满足 Ⅰ、Ⅱ、Ⅲ 三个地区的最低需求量的前提下，第 Ⅳ 地区的最高需求可改为 60 万吨，总的最高需求为 210 万吨。为了求得平衡，在产销平衡表上增加一个假想的化肥厂 D，其年产量为 50 万吨，由于各地区的需要量包含两个部分，如地区 Ⅰ，其中 30 万吨是最低需求，必须满足，不能由假想的化肥厂 D 供给，令其运价为 M；而另一部分 20 万吨可以不满足，故可以由假想化肥厂 D 供给，令其运价为零，对需求分两种情况的地区，实际上可按两个地区看待，得到表 4 - 7 所示的产销平衡与运价表。

表 4 - 7   产销平衡与运价表

产地	销地						产量（万吨）
	Ⅰ′	Ⅰ″	Ⅱ	Ⅲ	Ⅳ′	Ⅳ″	
A	16	16	13	22	17	17	50
B	14	14	13	19	15	15	60

产地	销地						产量（万吨）
	Ⅰ′	Ⅰ″	Ⅱ	Ⅲ	Ⅳ′	Ⅳ″	
C	19	19	20	23	M	M	50
D	M	0	M	0	M	0	50
产量（万吨）	30	20	70	30	10	50	

经计算可得最优调运方案，如表 4 - 8 所示（注：表中的 M 只要输入一个足够大的正数如 10 000 即可）。

表 4 - 8　　　　　　　　　　　最优调运方案表

产地	销地						产量（万吨）
	Ⅰ′	Ⅰ″	Ⅱ	Ⅲ	Ⅳ′	Ⅳ″	
A			50				50
B			20	10		30	60
C	30	20	0				50
D				30		20	50
产量（万吨）	30	20	70	30	10	50	

最小总运费为 2 460 万元。

如果〖例 4 - 5〗中不是供小于求，而是供大于求，三个化肥厂由于仓库库存量限制等原因，每个厂的产量中有一部分必须运往销地，而另一部分可运出也可库存，那该怎么解决呢？（提示：我们可把每个化肥厂的产量分解为必须运往销地的产量和可运出也可库存的产量，在产销平衡与运价表中把 A、B、C 三个产地分成 A、A′、B、B′、C、C′六个产地，销地也增加一个假想的销地，即各自的仓库 B₄。根据是否必须运往销地在 B₄ 列中填 M 或 0）。

4.2.2　生产与存储问题

【例 4 - 4】某厂按合同规定须于当年每个季度末分别提供 10、15、25、20 台同一规格的柴油机。已知该厂各季度的生产能力及生产每台柴油机的成本如表 4 - 9 所示。如果生产出来的柴油机当季不交货，每台每积压一个季度需储存、维护等费用 0.15 万元，要求在完成合同的情况下，做出使该厂全年生产（包括储存、维护）费用最小的决策。

解：由于每个季度生产出来的柴油机不一定当月交货，故设 x_{ij} 为第 i 季度生产的第 j 季度交货的柴油机的数目。

表 4 - 9   生产成本和能力表

季度	生产能力（台）	单位成本（万元）
I	25	10.8
II	35	11.1
III	30	11.0
IV	10	11.3

由合同规定，各季度交货数必须满足：

$$\begin{cases} x_{11} = 10 \\ x_{12} + x_{22} = 15 \\ x_{13} + x_{23} + x_{33} = 25 \\ x_{14} + x_{24} + x_{34} + x_{44} = 20 \end{cases}$$

各季度生产的柴油机数目都不能超过各季度的生产能力，故又有：

$$\begin{cases} x_{44} \leqslant 35 \\ x_{33} + x_{34} \leqslant 30 \\ x_{22} + x_{23} + x_{24} \leqslant 35 \\ x_{11} + x_{12} + x_{13} + x_{14} \leqslant 25 \end{cases}$$

设 c_{ij} 是第 i 季度生产的第 j 季度交货的每台柴油机的实际成本，c_{ij} 应该是该季度单位成本加上储存、维护等费用，c_{ij} 值如表 4 - 10 所示。

表 4 - 10   单位成本表   单位：万元

i	j			
	I	II	III	IV
I	10.8	10.95	11.10	11.25
II		11.10	11.25	11.40
III			11.00	11.15
IV				11.30

这样，此问题的目标函数可以写成：

$$\min Z = 10.8x_{11} + 10.95x_{12} + 11.10x_{13} + 11.25x_{14} + 11.10x_{22} + 11.25x_{23}$$
$$+ 11.40x_{24} + 11.00x_{33} + 11.15x_{34} + 11.30x_{44}$$

我们把目标函数和以上的约束条件以及 x_{ij} 非负限制放在一起，就建立起此问题的线性规划模型。使用计算机求解，我们可以得到结果。

如果我们写出此问题的产销平衡与运价表并输入运输问题的软件，我们也可以立即得到结果，这时由于产大于销，我们可以加上一个假想的需求 D，并注意到当 $i > j$ 时，$x_{ij} > 0$，所以应令对应的 $c_{ij} = M$，产销平衡与运价表如表 4 - 11 所示。

表 4 - 11   产销平衡与运价表

产地	销地					产量（台）
	I	II	III	IV	D	
I	10.8	10.95	11.10	11.25	0	25
II	M	11.10	11.25	11.40	0	35
III	M	M	11.00	11.15	0	30
IV	M	M	M	11.30	0	10
销量（万台）	10	15	25	20	30	

在输入数据时，关于 M 我们可以选择相对表中的价格足够大的正数如 10 000 即可，从计算机输出的信息我们得到最优解，如表 4 - 12 所示，其最优值为 773 万元。

表 4 - 12   最优生产与存储方案表

产地	销地					产量（台）
	I	II	III	IV	D	
I	10	15	0			25
II			0	5	30	35
III			25	5		30
IV				10		10
销量（万台）	10	15	25	20	30	

【例 4 - 5】大东仪器厂生产电脑绣花机是以销定产的，1~6 月各月的生产能力、合同销量和单台电脑绣花机平均生产费用如表 4 - 13 所示。又已知上年年末库存 103 台绣花机。如果当月生产出来的机器当月不交货，则需要运到分厂库房，每台增加运输成本 0.1 万元，每台机器每月的平均仓储费、维护费为 0.2 万元。在 7~8 月销售淡季，全厂停产 1 个月，因此，在 6 月完成销售合同后还要留出库存 80 台，加班生产机器每台增加成本 1 万元，问：应如何安排 1~6 月的生产使总的生产（包括运输、仓储、维护）费用最少？

表 4 - 13   生产能力、销量和单台费用表

月份	正常生产能力（台）	加班生产能力（台）	销量（台）	单台费用（万元）
1	60	10	104	15
2	50	10	75	14
3	90	20	115	13.5

续表

月份	正常生产能力（台）	加班生产能力（台）	销量（台）	单台费用（万元）
4	100	40	160	13
5	100	40	103	13
6	80	40	70	13.5

解：这是一个生产储存问题，可以转化为运输问题来做，根据已知条件可列出产销平衡与运价表，如表 4-14 所示，制定此表主要考虑如下条件：

表 4-14　　　　　　　　产销平衡与运价表

销售月	生产月						假想销地	产量（台）	
	1月	2月	3月	4月	5月	6月		正常	加班
0	0.3	0.5	0.7	0.9	1.1	1.3	0	103	
1	15	15.3	15.5	15.7	15.9	16.1	0	60	
1′	16	16.3	16.5	16.7	16.9	17.1	0		10
2	M	14	14.3	14.5	14.7	14.9	0	50	
2′	M	15	15.3	15.5	15.7	15.9	0		10
3	M	M	13.5	13.8	14.0	14.2	0	90	
3′	M	M	14.5	14.8	15.0	15.2	0		20
4	M	M	M	13	13.3	13.5	0	100	
4′	M	M	M	14	14.3	14.5	0		40
5	M	M	M	M	13	13.3	0	100	
5′	M	M	M	M	14	14.3	0		40
6	M	M	M	M	M	13.5	0	80	
6′	M	M	M	M	M	14.5	0		40
销量（台）	104	75	115	160	103	150	36		

（1）1~6 月合计生产能力（包括上年年末储存量）为 743 台，销量为 707 台，产大于销 36 台，所以在销地栏中设一个假想销地（仓库），其销量实为不安排生产的剩余生产能力。

（2）上年年末库存 103 台，只有仓储费和运输费，我们把它列在序号 0 行里。

（3）6 月的需求除了 70 台销量外还要 80 台库存，其需求应为 80 + 70 = 150（台）。

（4）产销平衡与运价表中，生产时间中的序号 1~6 表示 1~6 月正常生产情况，序号 1′~6′表示 1~6 月加班生产情况。通过计算可得：1~6 月最低总生产（包括运输、仓储、维护）费用为 8 307.5 万元，每月的生产销售安排如表 4 – 15 所示。

表 4 – 15　　　　　　　　　　最优生产销售安排表

序号	销售月						假想销地
	1 月	2 月	3 月	4 月	5 月	6 月	
0	63	15	5	20			
1	41						
1′							
2		50					
2′		10					
3			90				
3′			20				
4				100			
4′				40			
5					63	37	
5′					40		
6						80	
6′						33	7

4.2.3　转运问题

所谓的转运问题是运输问题的一个扩充，在原来的运输问题中的产地（也称发点）、销地（也称收点）之外还增加了中转点。在运输问题中我们只允许物品从发点运往收点，而在转运问题中，我们允许把物品从一个发点运往另一个发点或中转点或收点，也允许把物品从一个中转点运往另一个中转点或发点或收点，还允许把物品从一个收点运往另一个收点或中转点或发点。在每一个发点的供应量一定，每一个收点的需求量一定，每两个点之间的运输单价已知的条件下，如何进行调运使得总的运输费用最小。

【例 4 – 6】腾飞电子仪器公司在大连和广州有两个分厂，大连分厂每月生产400 台某种仪器，广州分厂每月生产 600 台某种仪器。该公司在上海与天津有两个销售公司负责对南京、济南、南昌与青岛四个城市的仪器供应，又因为大连与青岛相距较近，公司同意大连分厂也可以向青岛直接供货，这些城市间的每台仪器的运输费用我们标在图 4 – 1 所示的两个城市间的箭头上，单位为元，问：应该如何调运仪器，使得总的运输费最低？

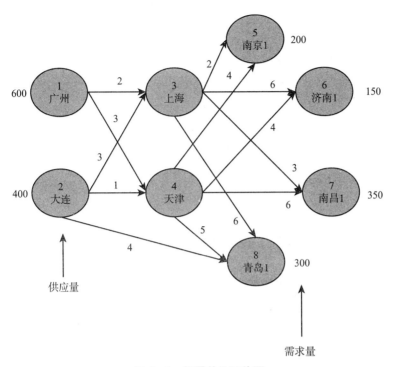

图 4 – 1 仪器单位运价图

解：如图 4 – 1 所示，我们用 1 代表广州；2 代表大连；3 代表上海；4 代表天津；5 代表南京；6 代表济南；7 代表南昌；8 代表青岛。

设 x_{ij} 表示从 i 到 j 的调运量，如 x_{36} 表示从上海运到济南的仪器台数。

从网络图上我们可以写出其目标函数：

$$f = 2x_{13} + 3x_{14} + 3x_{23} + x_{24} + 2x_{35} + 6x_{36} + 3x_{37}$$
$$+ 6x_{38} + 4x_{45} + 4x_{46} + 6x_{47} + 5x_{48} + 4x_{28}$$

对发点 1（广州）我们可以写其供应量的约束条件：

$$x_{13} + x_{14} \leqslant 600$$

同样对发点 2，其也受供应量之约束：

$$x_{23} + x_{24} + x_{28} \leqslant 400$$

站点 3 是个中转点，它把所收到的仪器又都分送下去，它收到的仪器数等于它送出的仪器数，即：

$$-x_{13} - x_{23} + x_{35} + x_{36} + x_{37} + x_{38} = 0$$

同样，对中转点 4 有：

$$-x_{14} - x_{24} + x_{45} + x_{46} + x_{47} + x_{48} = 0$$

对收点 5 来说，它收到的仪器数应正好等于它的需求量 200，故有：

$$x_{45} + x_{35} = 200$$

同样有：

$$x_{36} + x_{46} = 150$$
$$x_{37} + x_{47} = 350$$

这样可得：$x_{28} + x_{38} + x_{48} = 300$

该问题的线性规划模型如下：

$$\min Z = 2x_{13} + 3x_{14} + 3x_{23} + x_{24} + 2x_{35} + 6x_{36} + 3x_{37}$$
$$+ 6x_{38} + 4x_{45} + 4x_{46} + 6x_{47} + 5x_{48} + 4x_{28}$$

约束条件：

$$\text{s. t.} \begin{cases} x_{13} + x_{14} \leqslant 600 \\ x_{23} + x_{24} + x_{28} \leqslant 400 \\ -x_{13} - x_{23} + x_{35} + x_{36} + x_{37} + x_{38} = 0 \\ -x_{14} - x_{24} + x_{45} + x_{46} + x_{47} + x_{48} = 0 \\ x_{45} + x_{35} = 200 \\ x_{36} + x_{46} = 150 \\ x_{37} + x_{47} = 350 \\ x_{28} + x_{38} + x_{48} = 300 \\ x_{ij} > 0 \end{cases}$$

可求解得到结果如下：

$x_{13} = 550$；$x_{14} = 50$；$x_{23} = 0$；$x_{24} = 100$；$x_{35} = 200$；$x_{36} = 0$；$x_{37} = 350$；$x_{38} = 0$；$x_{45} = 0$；$x_{46} = 150$；$x_{47} = 0$；$x_{48} = 0$；$x_{28} = 300$。

最小的运输费用为 4 600 元。

对于转运问题的一般线性规划的模型如下：

$$\min \sum c_{ij} x_{ij}$$

约束条件：对于发点有：

$$\sum_{\text{流出量}} x_{ij} - \sum_{\text{流入量}} x_{ij} = s_i$$

对于中转点有：

$$\sum_{\text{流出量}} x_{ij} - \sum_{\text{流入量}} x_{ij} = 0$$

对于收点有：

$$\sum_{\text{流出量}} x_{ij} - \sum_{\text{流入量}} x_{ij} = d_j$$

其中，c_{ij} 为从 i 点运到 j 点的单位运价；s_i 为发点 i 的供应量；d_j 为收点 j 的需求量。

【例 4-7】某公司有三个分厂生产某种物资，分别运往四个地区的销售公司去销售。有关分厂的产量、各销售公司的销量及运价如表 4-16 所示，求使总的运费最少的调运方案。

表 4 – 16　　　　　　　　　　　　　　　单位运价表

		销地				产量（吨）
		B_1	B_2	B_3	B_4	
产地	A_1	3	11	3	10	7
	A_2	1	9	2	8	4
	A_3	7	4	10	5	9
销量（吨）		3	6	5	6	

这是一个普通的产销平衡问题，但是如果假定：

（1）每个分厂的物资不一定直接发运到销地，可以从其中几个产地集中一起运。

（2）运往各销地的物资可以先运给其中几个销地，再转运给其他销地。

（3）除产销之外，还有几个中转站，在产地之间、销地之间或产地与销地之间转运。

各产地、销地、中转站及相互之间每吨物资的运价如表 4 – 17 所示，问：在考虑产销之间直接运输和非直接运输的各种可能方案的情况下，如何将三个分厂生产的物资运往销售公司，才使总的运费最少？

表 4 – 17　　　　　　　　　　　　　　　单位运价表

		产地			中转站				销地			
		A_1	A_2	A_3	T_1	T_2	T_3	T_4	B_1	B_2	B_3	B_4
产地	A_1		1	3	2	1	4	3	3	11	3	10
	A_2	1			3	5		2	1	9	2	8
	A_3	3			1		2	3	7	4	10	5
中转站	T_1	2	3	1		1	3	2	2	8	4	6
	T_2	1	5		1		1	1	3	5	2	7
	T_3	4		2	3	1		2	1	8	2	4
	T_4	3	2	3	2	1	2		1		2	6
销地	B_1	3	1	7	2	4	1	1		1	4	2
	B_2	11	9	4	8	5	8		1		2	4
	B_3	3	2	10	4	2	2	2	4	2		3
	B_4	10	8	5	6	7	4	6	2	1	3	

解：从表 4 – 17 可以看出，从 A_1 到 B_2 直接运费单价为 11（元），但从 A_1 经 A_3 到 B_2，运价仅为 3 + 4 = 7（元），从 A_1 经 T_2 到 B_2 只需 1 + 5 = 6（元）；而从 A_1 到 B_2 的最佳途径为 $A_1 \rightarrow A_2 \rightarrow B_1 \rightarrow B_2$，运价只是 1 + 1 + 1 = 3（元），可见转运问题比一般运输问题复杂。现在我们把此转运问题化成一般运输问题，要做如下处理：

（1）由于问题中的所有产地、中转站、销地都可以看成产地，也可以看成销地，因此，整个问题可以看成一个有 11 个产地和 11 个销地的扩大运输问题。

（2）对扩大了的运输问题建立运价表，将表中不可能的运输方案用任意大的正数 M 代替。

（3）所有中转站的产量等于销量也即流入量等于流出量。由于运费最少时不可能出现一批物资来回倒运的现象，所以每个中转站的转运量不会超过 20 吨，可以规定 T_1、T_2、T_3、T_4 的产量和销量均为 20 吨。

由于实际的转运量：

$$\sum_{i=1}^{n} x_{ij} \leqslant s_i , \ \sum_{i=1}^{m} x_{ij} \leqslant d_j$$

其中，s_i 表示 i 点的流出量；d_j 表示 j 点的流入量。对于中转点有：

$$s_i = d_j = 20$$

这样可以在每个约束条件中增加一个松弛变量 x_{ii}，它相当于一个虚构的中转站，其意义就是自己运给自己。$20 - x_{ii}$ 就是每个中转站的实际转运量，$x_{ii} \rightarrow x_{ii}$ 的对应运价 $c_{ii} = 0$。

（4）扩大了的运输问题中，原来的产地与销地由于也具有转运作用，所以同样在原来的产量和销量的数字上加上 20 吨，即三个分厂的产量改为 27 吨、24 吨、29 吨，销量均为 20 吨，四个销地的每天销量改为 23 吨、26 吨、25 吨、26 吨，产量均为 20 吨，吨（T）同时引进 x_{ii} 为松弛变量。表 4 - 18 为扩大了的运输问题产销平衡与运价表。

表 4 - 18　　　　　　　　　　　　　产销平衡与运价表

| 产地 | 销地 | | | | | | | | | | | 产量（吨） |
	A_1	A_2	A_3	T_1	T_2	T_3	T_4	B_1	B_2	B_3	B_4	
A_1	0	1	3	2	1	4	3	3	11	3	10	27
A_2	1	0	M	3	5	M	2	1	9	2	8	24
A_3	3	M	2	1	M	2	3	7	4	10	5	29
T_1	2	3	1	0	1	3	2	2	8	4	6	20
T_2	1	5	M	1	0	1	1	4	2	2	7	20
T_3	4	M	2	3	1	0	2	1	8	2	4	20
T_4	3	3	3	2	1	2	0	1	M	2	6	20
B_1	3	1	7	2	4	1	1	0	1	4	2	20
B_2	11	9	4	8	5	8	M	1	0	2	1	20
B_3	3	2	10	4	2	5	2	4	2	0	3	20
B_4	10	8	5	6	7	4	6	2	1	3	0	20
销量（吨）	20	20	20	20	20	20	20	23	26	25	26	240

经计算可得：其最优解如表 4 - 19 所示，其最小运输费为 68 元。

表 4 - 19   最优运输方案表

产地	销地											产量（吨）
	A_1	A_2	A_3	T_1	T_2	T_3	T_4	B_1	B_2	B_3	B_4	
A_1	20	7										27
A_2		13						6		5		24
A_3			20	3					6			29
T_1				17				3				20
T_2					20							20
T_3						20						20
T_4							20					20
B_1								14			6	20
B_2									20			20
B_3										20		20
B_4											20	20
销量（吨）	20	20	20	20	20	20	20	23	26	25	26	

从表 4 - 19 可知，A_1 把 7 吨产量先运到 A_2，此时它加上 A_2 的 4 吨产量一共有 11 吨，其中，6 吨运给 B_1，5 吨运给 B_3；A_3 把 3 吨通过中转站 T_1 运给了 B_1，6 吨直接运给了 B_2，这样 B_1 一共收到了 9 吨，其多余的 6 吨转运给 B_4，这是最佳运输方案，总运费只有 68 元。

4.3　表上作业法

表上作业法是求解运输问题的一种简便而有效的方法，其求解工作在运输表上进行。它是一种迭代法，迭代步骤为：先按某种规则找出一个初始可行解（初始调运方案）；再对现行解作最优性判别；若这个解不是最优解，就在运输表上对它进行调整改进，得出一个新解；再判别，再改进；直至得到运输问题的最优解为止。如前所述，迭代过程中得出的所有解都要求是运输问题的可行解。下面阐明这几个步骤，并结合〖例 4 - 8〗详细加以说明。

4.3.1　给出运输问题的初始可行解（初始调运方案）

下面介绍三种常用的方法。

1. 西北角法

西北角法顾名思义可行解的选取是从表格的西北角（左上角）开始的，每次取尽可能大的值，随后划去走完运量的行或者列，直到所有的行列走完为止。以〖例4-8〗为例说明西北角法求初始可行解。

【例4-8】某公司三个工厂生产同一产品的产量、四个销售点的销量及单位运价如表4-20所示，产量和销量的单位为吨，运价的单位为元/吨，问：公司在满足各销售点的需求量的前提下应如何调运产品，使得总运费最小。

表4-20 单位运价表

		销地				产量
		B_1	B_2	B_3	B_4	
产地	A_1	4	12	4	11	16
	A_2	2	10	3	9	10
	A_3	8	5	11	6	22
销量		8	14	12	14	48

从表格的西北角（左上角）开始，选取 x_{11} 分配运输量，这里 A_1 的产量16，B_1 的销量8，所以 x_{11} 只能取8，即：

$$x_{11} = \min(16,\ 8) = 8$$

由于 $x_{11} = 8$，B_1 的销量全部得到满足，所以 $x_{21} = 0$ 和 $x_{31} = 0$，

这时候 B_1 的销量就变为0，B_1 这一列就可以划去，A_1 的产量变为 $16 - 8 = 8$。

这样运输表上只剩下 3×3 矩阵了，x_{12} 就成了新的西北角，接下来我们让 x_{12} 的运量取尽可能大的值，$x_{12} = \min(8,\ 14) = 8$。

重复第一步的操作，直到所有的行和列都划去，就可以得到初始可行解，具体步骤如表4-21所示。

表4-21 西北角法求初始解计算过程表

		销地				产量
		B_1	B_2	B_3	B_4	
产地	A_1	4 8--①	12 8--②	4	11	16
	A_2	2	10 6--③	3 4--④	9	10
	A_3	8	5	11 8--⑤	6 14--⑥	22
销量		8	14	12	14	48

所得初始可行解为 $x_{11}=8$，$x_{12}=8$，$x_{22}=6$，$x_{23}=4$，$x_{33}=8$，$x_{34}=14$，总的运费为 $8\times4+8\times12+6\times10+4\times3+8\times11+14\times6=372$（元）。

2. 最小元素法

无论哪种运输方案，有一点是确定的，就是从产地到销地的总运量是确定不变的，以〖例4-8〗来说就是48吨，所以，为了减少运费应优先考虑单位运价最小（或运距最短）的运输线路，最大限度地满足其运量。越多的运量走在运价小的线路上，其运输费用自然越低，基于这样的思想，提出了最小元素法。

基本思路为：

（1）在所有能用的运输线路中找到 $\min(c_{ij})$，让其走最多的量。

（2）划去走完产量的行或走完销量的列。

（3）重复步骤（1），直到所有的运量走完。

以〖例4-8〗为例说明最小元素法的求解。

首先在运输表中找到运输费用最小的线路 $A_2\rightarrow B_1$，$\min(c_{ij})=c_{21}=2$，这里 A_2 的产量10，B_1 的销量8，所以 x_{21} 只能取8，即：

$$x_{21}=\min(10,8)=8$$

由于 $x_{21}=8$，B_1 的销量全部得到满足，所以 $x_{11}=0$ 和 $x_{31}=0$，这时候 B_1 的销量就变为0，B_1 这一列就可以划去，A_2 的产量变为 $10-8=2$，然后再在运输表中找到运输费用最小的线路 $A_2\rightarrow B_3$，$\min(c_{ij})=c_{23}=3$，这里 A_2 的产量2，B_3 的销量12，所以 x_{23} 只能取2，即：

$$x_{23}=\min(2,12)=2$$

由于 $x_{23}=2$，A_2 的产量全部得到满足，所以 $x_{22}=0$ 和 $x_{24}=0$，这时候 A_2 的产量就变为0，A_2 这一行就可以划去，B_3 的销量变为 $12-2=10$。

重复以上步骤，直到所有的运量走完，就可以得到初始可行解。具体的步骤如表4-22所示。

表4-22　　　　　　　　最小元素法求初始解计算过程表

产地		销地				产量
		B_1	B_2	B_3	B_4	
	A_1	4	12	4 10-- ③	11 6-- ⑥	16
	A_2	2 8-- ①	10	3 2-- ②	9	10
	A_3	8	5 14-- ④	11	6 8-- ⑤	22
销量		8	14	12	14	48

所得初始可行解为 $x_{13}=10$，$x_{14}=6$，$x_{21}=8$，$x_{23}=2$，$x_{32}=14$，$x_{34}=8$，总的运费为 $10\times4+6\times11+8\times2+2\times3+14\times5+8\times6=246$（元）。

比较第一种方法（西北角法），我们发现最小元素法求得的初始可行解更好。思考一下，为什么？

3. 伏格尔法

伏格尔法（Vogel Method），伏格尔法又称差值法，该方法考虑到，某产地的产品如不能按最小运费就近供应，就考虑次小运费，这就有一个差额。差额越大，说明不能按最小运费调运时，运费增加越多。因而对差额最大处，就应当采用最小运费调运。

伏格尔法一般能得到一个比用西北角法和最小元素法两种方法所得的初始基本可行解更好的初始基本可行解。伏格尔法要求首先计算出各行各列中最小的 c_{ij}，与次小的 c_{ij} 之间的差的绝对值，在具有最大差值的那行或列中，选择具有最小的 c_{ij} 的方格来决定基变量值。这样就可以避免将运量分配到该行（或该列）具有次小的 c_{ij} 的方格中，以保证有较小的目标函数值。所以，伏格尔法的基本步骤如下：

（1）算出各行各列中最小元素和次小元素的差额，并标出差额最大的（若几个差额同为最大，则可任取其一）。

（2）在差额最大的行或列中的最小元素处填上尽可能大的数。

（3）对未划去的行列重复以上步骤，直到得到一个初始解。

由此可见，伏格尔法同最小元素法除在确定供求关系的原则上不同外，其余步骤相同。伏格尔法给出的初始解比用最小元素法给出的初始解更接近最优解。

以〖例 4-8〗来说明伏格尔法求初始可行解。具体步骤如表 4-23 所示。

表 4-23 伏格尔法求初始解计算过程表

		销地					列差			
		B_1	B_2	B_3	B_4	产量				
产地	A_1	4	12	4 / 12	11 / 4	16	0	0	0	(7)
	A_2	2 / 8	10	3	9 / 2	10	1	1	1	6
	A_3	8	5 / 14	11	6 / 8	22	1	2	—	—

	销地					列差
	B₁	B₂	B₃	B₄	产量	
销量	8	14	12	14	48	
行差	2	（5）	1	3	—	
	2	—	1	（3）	—	
	（2）	—	1	2	—	
	—	—	1	2	—	

所得初始可行解为 $x_{13}=12$，$x_{14}=6$，$x_{21}=8$，$x_{24}=2$，$x_{32}=14$，$x_{34}=8$，总的运费为 $12\times4+4\times11+8\times2+2\times9+14\times5+8\times6=244$（元）。

比较伏格尔法与西北角法和最小元素法求解初始可行解，我们发现伏格尔法求得的初始可行解更好。思考一下，为什么？

4.3.2 解的最优性检验（闭合回路法）

这里介绍一种已得的运输方案是否为最优解的方法：闭合回路法。

所谓闭合回路，就是指在调运方案表中，从一个空格出发，沿水平或垂直方向前进，遇到一个适当的有数字的格子时，转 90°继续前进，直到回到起始空格为止，形成一条由水平线段和垂直线段所组成的封闭折线。

求某个空格（非基变量）的检验数，就先要找出它在运输表上的闭合回路，这个闭合回路的顶点由起点的空格和其他均为填有数字的格（基变量格）构成。闭合回路可以是一个简单的矩形，也可以是有水平和竖直边线组成的封闭多边形。

空心圆点表示起点，实心表示经过的基变量，直线穿过空格即非基变量。可以证明，每一个空格（非基变量）一定存在唯一的一条闭合回路。

需要注意的是，如果有多个检验数为负数时，首先要调整的是绝对值最大的负检验数对应的空格，它需要将对应的非基变量作为换入变量，变成基变量。若有两个以上相等的绝对值最大的负检验数时，则选对应运费最小的一个非基变量为换入变量，其值从零增加到大于零的正值，即调整运量。

另外，在运输问题及可行解的迭代过程中，不允许出现全部顶点由填有数字的格（基变量格）构成的闭合回路。因为位于闭合回路上的一组变量，它们对应的运输问题约束条件的系数列向量相关。这就是说，在确定运输问题的初始及可行解时，要求基变量的个数保证在（$M+N-1$）个，用西北角法、最小元素法和沃格尔法得到的解都满足这些条件。由于寻找初始及可行解使用的方法的高明性不同，上述需要使用闭合回路法调整的次数一般来说是依次递减的。

不妨以〖例4-8〗最小元素法求出的初始解为例，说明闭合回路法的使用，其初始解如表4-24所示。

表4-24　　　　　　　　　　最小元素法初始解表

		产地				产量
		B_1	B_2	B_3	B_4	
销地	A_1	4	12	4 / 10	11 / 6	16
	A_2	2 / 8	10	3 / 2	9	10
	A_3	8	5 / 14	11	6 / 8	22
销量		8	14	12	14	48

初始可行解为 $x_{13}=10$，$x_{14}=6$，$x_{21}=8$，$x_{23}=2$，$x_{32}=14$，$x_{34}=8$，总的运费为 $10\times4+6\times11+8\times2+2\times3+14\times5+8\times6=246$（元）。

首先，从空格（非基变量）x_{11} 开始，找到闭合回路如图4-25所示。这个闭合回路除了起始点 x_{11} 是非基变量外，其余点均为基变量。现在把 x_{11} 的调运量从零加为1吨，运费增加了4元，为了 A_1 的产量平衡，x_{13} 就应减少1吨，运费减少4元；为了 B_3 的销量平衡，x_{23} 就应增加1吨，增加运费3元；为了 A_2 的产量平衡，x_{21} 就应减少1吨，减少运费2元。这样调整之后，运费变化 $=4-4+3-2=1$，说明 x_{11} 增加1吨的运量，运费增加1元，所以 x_{11} 运量不能增加。如果让 x_{11} 变为基变量，则运费增加1元，我们把运费增加值1填入此空格作为 x_{11} 的检验数，为了与调整量加以区别，我们在1上面加圈为①。

同样，我们可以用闭合回路法求出 x_{22} 的检验数，我们从空格 x_{22} 出发，找到一个闭合回路如表4-26所示。这个闭合回路除了起始点 x_{22} 是非基变量外，其余点均为基变量。同理，我们把 x_{22} 的调运量从零加为1吨，检验数 $=10-3+4-11+6-5=1$，说明 x_{22} 运量增加1吨，运费将增加1元。同样的，如果让 x_{22} 变为基变量，则运费增加1元，我们把运费增加值1填入此空格作为 x_{22} 的检验数，为了与调整量加以区别，我们在1上面加圈为①。

表 4 - 25 闭合回路表

产地		销地				产量
		B₁	B₂	B₃	B₄	
	A₁	4 ①	12	4 10	11 6	16
	A₂	2 8	10	3 2	9	10
	A₃	8	5 14	11	6 8	22
销量		8	14	12	14	48

表 4 - 26 闭合回路表

产地		销地				产量
		B₁	B₂	B₃	B₄	
	A₁	4 ①	12	4 10	11 6	16
	A₂	2 8	10 ①	3 2	9	10
	A₃	8	5 14	11	6 8	22
销量		8	14	12	14	48

这样，我们可以找出所有非基变量的检验数如表 4 - 27 所示。

表 4 - 27 非基变量的检验数表

空格	闭合回路	检验数
x_{11}	$x_{11} - x_{13} - x_{23} - x_{21} - x_{11}$	1
x_{12}	$x_{12} - x_{14} - x_{34} - x_{32} - x_{12}$	2
x_{22}	$x_{22} - x_{23} - x_{13} - x_{14} - x_{34} - x_{24} - x_{22}$	1

空格	闭合回路	检验数
x_{24}	$x_{24} - x_{23} - x_{13} - x_{14} - x_{24}$	-1
x_{31}	$x_{31} - x_{21} - x_{23} - x_{13} - x_{14} - x_{34} - x_{31}$	10
x_{33}	$x_{33} - x_{13} - x_{14} - x_{34} - x_{33}$	12

4.3.3 解的改进(闭合回路法)

我们知道当表中某个非基变量(空格)的检验数为负值时,表明未求得最优解,需要进行调整。我们在所有为负值的检验数中,选其中最小的负检验数,以它对应的非基变量为入基变量,如在本例中,x_{24}的检验数为-1,所以选择x_{24}为入基变量,并作闭合回路,如表4-28所示。

表4-28　　　　　　　　　　　　闭合回路表

产地		销地				产量
		B_1	B_2	B_3	B_4	
	A_1	4	12	4 (+2)　　10	11 (-2)　　6	16
	A_2	2　　8	10	3 (-2)　　2	9 (+2)	10
	A_3	8	5　　14	11	6　　8	22
销量		8	14	12	14	48

由于x_{24}的检验数为-1,表明增加1单位的x_{24}运量,可以使得总运输成本减少1,所以,我们应尽量多地增加x_{24}的运量,那么x_{24}的运量最多能增加多少呢?

通过观察闭合回路,我们发现空格能加的运量取决于闭合回路中减少运量的线路中能减少的最大量,也就是把其中某一条线路或者某几条线路(如果最小值相同)减到零,这个减的值就是空格点能增加的最大运量。所以x_{24}增加的运量为$x_{24} = \min(x_{23}, x_{14}) = 2$。把闭合回路上相应的点加上或减少2,可以得到调整后的运输方案,如表4-29所示。

表 4-29　　　　　　　　　　　调整后的运输方案表

销地		产地				产量
		B₁	B₂	B₃	B₄	
	A₁	4	12	4 / 12	11 / 4	16
	A₂	2 / 8	10	3	9 / 2	10
	A₃	8	5 / 14	11	6 / 8	22
销量		8	14	12	14	48

对新的运输方案进行闭合回路检验，得到新的检验数，如表 4-30 所示。

表 4-30　　　　　　　　　　新的非基变量的检验数表

	闭合回路	检验数
x_{11}	$x_{11} - x_{14} - x_{24} - x_{21} - x_{11}$	0
x_{12}	$x_{12} - x_{14} - x_{34} - x_{32} - x_{12}$	2
x_{22}	$x_{22} - x_{24} - x_{34} - x_{32} - x_{22}$	2
x_{23}	$x_{23} - x_{13} - x_{14} - x_{24} - x_{23}$	1
x_{31}	$x_{31} - x_{21} - x_{24} - x_{34} - x_{31}$	9
x_{33}	$x_{33} - x_{13} - x_{14} - x_{34} - x_{33}$	12

我们发现所有的检验数均为非负数，所以这个解为最优解。

思考：这个问题的最优解是唯一的吗？为什么？

【习题】

1. 若运输问题的单位运价表的所有元素分别加上一个常数 K，最优调运方案将（　　）。

A. 发生变化　　　　　　　　　　B. 不发生变化

C. 两种情况都有可能

2. 闭合回路是一条封闭折线，每一条边都是（　　）。

A. 水平　　　　B. 垂直　　　　C. 水平和垂直　　　D. 水平或垂直

3. 一般来讲，在给出的初始运输方案中，最接近最优解的是（　　）。

A. 西北角法　　　B. 最小元素法　　　C. 伏格尔法　　　D. 闭合回路法

4. 对于供过于求的不平衡运输问题，下列说法正确的是（　　）。

A. 在应用表上作业法之前，应将其转化为平衡的运输问题

B. 可以虚设一个需求地点，令其需求量为供应量与需求量之差

C. 令虚设的需求地点与各供应地之间运价为 0

D. 令虚设的需求地点与各供应地之间运价为 M（M 为极大的正数）

5. 有甲、乙、丙三个商品产地，商品的运出量分别为 25 吨、18 吨、5 吨，A、B、C、D 四个销售地，运入量分别为 16 吨、20 吨、5 吨、7 吨，运输费用与各地之间的运输距离成正比，运输距离和运输量如表 4-31 所示，求：合理的调运方案及最小吨公里。

表 4-31　　　　　　　　　　单位运价表

	A	B	C	D	运出量
甲	60	40	160	20	25
乙	30	20	50	140	18
丙	180	200	60	120	5
运入量	16	20	5	7	48

6. 某部门有 3 个生产同类产品的工厂（产地），生产的产品由 4 个销售点（销地）出售，各工厂的生产量、各销售点的销售量（假定单位均为吨）以及各工厂到各销售点的单位运价（元/吨）如表 4-32 所示，要求研究产品如何调运才能使总运费最小？

表 4-32　　　　　　　　　　单位运价表

	B_1	B_2	B_3	B_4	产量
A_1	2	9	10	2	9
A_2	1	3	4	2	5
A_3	8	4	2	5	7
销量	3	8	4	6	21

7. 某客车制造厂根据合同要求从当年开始起连续四年年末交付 40 辆规格型号相同的大型客车。该厂在这四年内生产大型客车的能力及每辆客车的成本情况如表 4-33 所示，根据该厂的情况，若制造出来的客车产品当年未能交货，每辆车每积压一年的存储和维护费用为 4 万元。在签订合同时，该厂已储存了 20 辆客车，同时又要求四年期末完成合同后还需要储存 25 辆车备用。问该厂如何安排每年的客车生产量，使得在满足上述各项要求的情况下，总的生产费用加储存维护费用为最少？

表 4 – 33　　　　　　　　　客车生产能力和成本表

年度	可生产客车数量（辆）		制造成本（万元/辆）	
	正常上班时间	加班时间	正常上班时间	加班时间
1	20	30	50	55
2	38	24	56	61
3	15	30	60	65
4	42	23	53	58

8. 某造船厂根据合同需连续三年提供五艘大型货轮给客户，该厂三年内的生产情况如表 4 – 34 所示，已知每艘货轮加班生产比正常生产成本高出 10%，又知造出来的货轮如当年不交货，每艘货轮积压一年的损失为 60 万元。在签合同时，该厂已积压两艘未交货的货轮，该厂希望在三年后有一艘货轮备用。问：应该如何安排生产，使得总的费用最小？

表 4 – 34　　　　　　　　　生产情况表

年度	正常生产	加班生产	正常生产每艘成本（万元）
1	3	3	600
2	4	2	700
3	2	3	650

9. 某汽车制造公司设有两个装配厂，且在四地有四个销售公司，公司想要定出各家销售公司需要的汽车应由哪个厂装配，以保证公司获取最大利润，已知表 4 – 35、表 4 – 36、表 4 – 37 的数据如下。请确定一个运输模型，确定汽车装配和分配的最优方案。

表 4 – 35　　　　　　　　　装配厂产量和单位费用表

装配厂	A	B
产量（供应量）	1 100	1 000
每辆装配费	45	55

表 4 – 36　　　　　　　　　销售公司需求表

销售公司	1	2	3	4
需要（需求量）	500	300	550	650

表 4 – 37   单位运价表

	1	2	3	4
A	9	4	7	19
B	2	18	14	6

10. 某机床厂定下一年合同分别于各季度末交货。已知各季度生产成本不同，允许存货，存储费 0.12 万元/台季，第三、第四季度可以加班生产，加班生产能力 8 台/季，加班费用 3 万元/台季，生产能力、单位成本和交货台数等数据如表 4 – 38 所示，问：如何安排生产使得总费用最低？

表 4 – 38   各季度生产情况表

季度	正常生产能力	单位成本（万元）	交货台数（台）
1	30	10.55	25
2	32	10.8	30
3	20	11	15
4	28	11.1	45

11. 有两个煤矿供应煤炭给三个地区。各煤矿的产量、各地区的需求量以及各煤矿运煤炭到各地区的单价（元/吨）如表 4 – 39 所示，要求：做出产销平衡运价表。

表 4 – 39   单位运价表

	一区	二区	三区	供应量（吨）
煤矿 A	2	3	5	3 000
煤矿 B	2	4	6	4 500
最低需求量（吨）	2 500	1 000	1 500	
最高需求量（吨）	4 000	3 000	1 500	

12. 战斗机上的发动机每半年必须强迫进行更换大修。维修厂估计某种型号战斗机从下一个半年起的今后三年内，每半年发动机的更换需要量分别为：100 台、70 台、80 台、120 台、150 台、140 台。更换发动机可以大修后的也可以新购置，购置费为 1 000 万元，维修有两种方式：慢修 100 万元，一年修好；快修 200 万元，半年修好。求：三年内该厂发动机维修和购置计划，使得总的费用最省？

第5章 整数规划

【导入案例】

一次课堂讨论老师出了一道题让甲、乙、丙三名同学回答。题目：分配Ⅰ、Ⅱ、Ⅲ三人完成A、B、C、D、E五项工作，每人完成各项工作时间如表5－1所示。

表5－1　　　　　　　　　　　　　工作时间表

人	A	B	C	D	E
Ⅰ	6	7	8	10	9
Ⅱ	8	9	10	12	11
Ⅲ	10	7	11	8	10

规定其中两人各完成两项任务，一人完成一项任务，应如何分配使总用时最少？

经过一番思考，甲回答他建立了一个整数规划模型求解；乙回答可以转化为运输问题求解，建立产销平衡的运输表；丙回答可以用匈牙利法的"效率矩阵"求解。问：甲、乙、丙同学的想法能否实现？能实现列出方案，不能实现请说明理由。

5.1　整数规划概述

在前面讨论的线性规划问题中，我们遇到的变量一般都是连续的，最优解可能是整数，也可能不是整数，但对于许多实际问题，要求答案必须是整数。例如，所求的解是安排上班的人数、按某个方案裁剪钢材的根数、生产机器的台数等。对于求整数解的线性规划问题，不是用四舍五入法或去尾法对线性规划的非整数解加以处理都能解决的，而要用整数规划的方法加以解决。

在整数规划中，如果所有的变量都为非负整数，则称为纯整数规划问题，如果只有一部分变量为非负整数，则称为混合整数规划问题，在整数规划中，如果变量的取值只限于0和1，这样的变量我们称为0~1变量。在纯整数规划和混合整数规划问题中，常常会有一些变量是 0，1 变量，如果所有变量都是 0，1 变量，则称为 0～1 规划。

本章我们把整数规划限定在整数线性规划里。

【例 5 – 1】 某公司使用甲、乙两种设备生产 A 和 B 两种机器，在计划期内，生产每种机器所需要的设备加工时间（天／台）、设备能力（天）、A 和 B 两种机器单位利润（万元），如表 5 – 2 所示，问：该公司生产 A 和 B 两种机器各多少台，才能使利润最大？

表 5 – 2   生产情况表

设备	机器		设备能力（天）
	A	B	
甲	7	8	56
乙	1	3	12
单位利润	3	7	

解：由于该公司生产和销售的机器数应该为整数。因此，这是一个整数规划问题，其数学模型如下：

$$\max Z = 3x_1 + 7x_2$$

$$\text{s. t.} \begin{cases} 7x_1 + 8x_2 \leqslant 56 \\ x_1 + 3x_2 \leqslant 12 \\ x_1, x_2 \geqslant 0，且为整数 \end{cases}$$

若不考虑整数约束，则用线性规划方法可以求得最优解 $x_1 = 5\frac{7}{13}$，$x_2 = 2\frac{2}{13}$，最优目标函数值 $Z = 31\frac{9}{13}$。这个最优解显然不是整数解。在四舍五入以后，$x_1 = 6$，$x_2 = 2$ 不是可行解，即使小数位舍去，$x_1 = 5$，$x_2 = 2$ 也不是最优解，这个整数规划问题的最优解为 $x_1 = 3$，$x_2 = 3$，最优目标函数值 $Z = 30$。

性质 1 任何求最大目标函数值的纯整数规划或混合整数规划的最大目标函数值小于或等于相应的线性规划的最大目标函数值；任何求最小目标函数值的纯整数规划或混合整数规划的最小目标函数值大于或等于相应的线性规划的最小目标函数值。

5.2 指派问题

在实际中我们经常会碰到一类分配任务的问题，如分配 n 个人去完成 n 项工

作，每个人完成工作的费用不同，我们的目的是如何合理地分配任务，使总的费用最少。这一类的问题我们称为指派问题。类似的指派问题：n 个零件分配到 n 台设备进行加工，n 条船去完成 n 条航线等。

指派问题的一般形式为：分配 n 个人去完成 n 项任务，每个人只能完成一项任务，每项任务必须由一个人来完成，第 i 个人来完成第 j 项任务的费用或时间为 C_{ij}，问：如何安排，才能使总费用或总时间最小？

$$设\ x_{ij} = \begin{cases} 1 & 分派第\ i\ 人完成\ j\ 项任务 \\ 0 & 不分派第\ i\ 人完成\ j\ 项任务 \end{cases}$$

则有指派问题的数学模型如下：

$$\min Z = \sum_{i=1}^{n} \sum_{j=1}^{n} C_{ij} x_{ij}$$

$$\text{s. t.} \begin{cases} \sum_{i=1}^{n} x_{ij} = 1, & j = 1, \cdots, n \\ \sum_{j=1}^{n} x_{ij} = 1, & i = 1, \cdots, n \\ x_{ij} = 0\ 或\ 1 \end{cases}$$

从上述问题可以看出，指派问题是一类特殊的 $0 \sim 1$ 规划问题。

【例 5 - 2】有四个工人，要分别指派他们完成四项不同的工作，每人做各项工作所消耗的时间如表 5 - 3 所示。问：应如何指派工作，才能使总的消耗时间为最少？

表 5 - 3 工作时间表

工人	A	B	C	D
甲	15	18	21	24
乙	19	23	18	18
丙	26	17	16	19
丁	19	21	23	17

解：引入 $0 \sim 1$ 变量 x_{ij}，并令：

$$x_{ij} = \begin{cases} 1 & 指派第\ i\ 人完成\ j\ 项工作 \\ 0 & 不指派第\ i\ 人完成\ j\ 项工作 \end{cases}$$

为使总消耗时间最少可以写为：

$$\min Z = 15x_{11} + 18x_{12} + 21x_{13} + 24x_{14} + 19x_{21} + 23x_{22} + 18x_{23} + 18x_{24} + 26x_{31}$$
$$+ 17x_{32} + 16x_{33} + 19x_{34} + 19x_{41} + 21x_{42} + 23x_{43} + 17x_{44}$$

每人只能干一件工作的约束条件可以写为：

$$x_{11} + x_{12} + x_{13} + x_{14} = 1 \quad （甲只能干一项工作）$$

$$x_{21} + x_{22} + x_{23} + x_{24} = 1 \quad （乙只能干一项工作）$$
$$x_{31} + x_{32} + x_{33} + x_{34} = 1 \quad （丙只能干一项工作）$$
$$x_{41} + x_{42} + x_{43} + x_{44} = 1 \quad （丁只能干一项工作）$$

每项工作只能由一个人的约束条件可以写为：

$$x_{11} + x_{21} + x_{31} + x_{41} = 1 \quad （A 只能干一项工作）$$
$$x_{12} + x_{22} + x_{32} + x_{42} = 1 \quad （B 只能干一项工作）$$
$$x_{13} + x_{23} + x_{33} + x_{43} = 1 \quad （C 只能干一项工作）$$
$$x_{14} + x_{24} + x_{34} + x_{44} = 1 \quad （D 只能干一项工作）$$

再加上约束条件：x_{ij} 为 $0 \sim 1$ 变量，$i = 1$，2，3，4；$j = 1$，2，3，4

以上就组成了此整数规划问题的数学模型。

我们将以上的数学模型用软件进行解决，可得到如下结果：

$x_{21} = 1$，$x_{12} = 1$，$x_{33} = 1$，$x_{44} = 1$，也就是说安排乙干 A 工作、甲干 B 工作、丙干 C 工作、丁干 D 工作，这时总消耗时间为最少，即 70 小时。

指派问题的一般模型：

对于 m 个人 n 项任务的一般的指派问题，设：

$$x_{ij} = \begin{cases} 1，& 当第 i 人去完成 j 项工作时 \\ 0，& 当第 i 人不去完成 j 项工作时 \end{cases}$$

并设 c_{ij} 为第 i 人去完成第 j 项任务的成本（如所需时间，费用等），则指派问题的一般模型为：

$$\min Z = \sum_{i=1}^{m} \sum_{j=1}^{n} c_{ij} \times x_{ij}$$

$$\text{s. t.} \begin{cases} \sum_{j=1}^{n} x_{ij} \leqslant 1，i = 1，2，\cdots，m \\ \sum_{i=1}^{m} x_{ij} \leqslant 1，j = 1，2，\cdots，n \\ x_{ij} 为 0 \sim 1 变量，对所有的 i 和 j \end{cases}$$

因为 m 不一定等于 n，当 $m > n$ 即人数多于任务数时，就有人没有任务，所以前面 m 个约束条件都是"小于等于 1"，这是说每个人至多承担一项任务，而后面 n 个约束条件说明每项工作正好有一人承担，所以都是"等于 1"；当 $n > m$ 时，这时需要设假想的 $n \sim m$ 个人便获得可行解。

实际上，不管 $m = n$，还是 $m > n$ 或者 $n > m$，我们都可以求得最优解。

还有一种指派问题叫多重指派问题，它与一般的指派问题的区别在于：一般的指派问题中每个人至多承担一项、两项或更多项的任务，而多重指派问题中一个人可以根据自己能力的大小承担一项、两项或更多项的任务，这时约束条件中的前 m 个条件不再是：

$$\sum_{j=1}^{n} x_{ij} \leqslant 1，i = 1，2，\cdots，m$$

而应改为：

$$\sum_{j=1}^{n} x_{ij} \leq a_i, \quad i = 1, 2, \cdots, m$$

其中，a_i 是第 i 人至多承担的任务的项目数，对于不同的 i，a_i 可以是不一样的。

【例 5 - 3】今有 A、B、C、D 四项任务分别需要甲、乙、丙、丁 4 个人去完成，不同的人完成不同的任务所需要的时间（天）如表 5 - 4 所示，问：如何安排，使完成任务需要的总时间最少？

表 5 - 4　　　　　　　　　　　　工作时间表

人	任务			
	A	B	C	D
甲	3	5	7	7
乙	4	3	5	4
丙	3	8	7	6
丁	5	6	4	5

解：从前面分析可知，指派问题是特殊的 0 ~ 1 规划问题，也是特殊的运输问题，因此，可用 0 ~ 1 规划问题或运输问题的解法来求解。但是由于指派问题的特殊性，我们可用更简便的算法——匈牙利算法来求解。

第一步：变化系数矩阵，使各行各列都出现 0 元素。

（1）每行元素各自减去该行的最小元素。

（2）再对每列元素各自减去该列的最小元素。

此问题变化系数矩阵如图 5 - 1 所示。

$$\begin{pmatrix} 3 & 5 & 7 & 7 \\ 4 & 3 & 5 & 4 \\ 3 & 8 & 7 & 6 \\ 5 & 6 & 4 & 5 \end{pmatrix} \rightarrow \begin{pmatrix} 0 & 2 & 4 & 4 \\ 1 & 0 & 3 & 1 \\ 0 & 5 & 4 & 3 \\ 1 & 2 & 0 & 1 \end{pmatrix} \rightarrow \begin{pmatrix} 0 & 2 & 4 & 3 \\ 1 & 0 & 3 & 0 \\ 0 & 5 & 4 & 3 \\ 1 & 2 & 0 & 0 \end{pmatrix}$$

图 5 - 1　系数矩阵计算过程图

第二步：在变换后的系数矩阵中确定独立 0 元素。

所谓独立 0 元素指位于不同行不同列的 0 元素，确定独立 0 元素可以在只有一个 0 元素的行（或列）中给这个 0 加圈（◎），记 $x_{ij} = 1$，表示此人只能完成此任务，此任务也只能由此人来完成，同时与◎同列（或行）的其他 0 元素，记作 ∅，表示此人已有任务（此任务已有人完成），如此反复进行，直至划去所有的 0 元素，若遇到所在行和列中，0 元素至少有两个，可任意选其中一个 0 元素加圈，同时划去该行和该列中其他 0 元素，当这个过程结束时，被画圈的 0 元素就是独立的 0 元素。

若独立的0元素的个数为 n 个时，则得到最优解，加圈的0元素对应的 $x_{ij}=1$，其他的 $x_{ij}=0$，如图5-2所示。

$$\begin{pmatrix} 0 & 1 & 0 & 0 \\ 0 & 0 & 0 & 1 \\ 1 & 0 & 0 & 0 \\ 0 & 0 & 1 & 0 \end{pmatrix}$$

图5-2 最优解

若独立的0元素的个数为小于 n 时，则尚未得到最优解，转下一步。

此问题中，独立0元素的个数为3<4，如图5-3所示。

$$\begin{pmatrix} ◎ & 2 & 4 & 3 \\ 1 & ◎ & 3 & \varnothing \\ \varnothing & 5 & 4 & 3 \\ 5 & 6 & ◎ & \varnothing \end{pmatrix}$$

图5-3 匈牙利计算过程图

第三步：画0元素的最少覆盖线，以确定最多的独立0元素个数。

（1）对没有◎的行打√。

（2）对打√的行上的所有0元素的列打√。

（3）再对打√的列上有◎的行打√。

（4）重复（2）、（3）直至不出现新的打√的行或列为止。

（5）对没有打√的行画一横线，打√的列画一纵线；这些线即为覆盖所有的0元素的最少直线数，记其数量为 l。

若 $l<n$，转下一步；

若 $l=n$，说明指派不成功，转第二步，重新试派。

在此问题中，0元素的最少覆盖线的数量 $l=3<n=4$，如图5-4所示。

$$\begin{matrix} \begin{pmatrix} ◎ & 2 & 4 & 3 \\ 1 & ◎ & 3 & \varnothing \\ \varnothing & 5 & 4 & 3 \\ 5 & 6 & ◎ & \varnothing \end{pmatrix} & \begin{matrix} \surd \\ \\ \surd \\ \\ \end{matrix} \\ \begin{matrix} \surd & \quad & \quad & \quad \end{matrix} & \end{matrix}$$

图5-4 匈牙利计算过程图

第四步：变换系数矩阵，增加0元素。

在没有被直线覆盖的元素中找出最小元素。然后打√的行中各元素都减去这个最小元素，打√的列中各个元素都加上这个最小元素，以保证不会出现负数，得到新的系数矩阵，然后继续第二步。

变换系数矩阵，如图5-5所示。

$$\begin{pmatrix} \circledcirc & 2 & 4 & 3 \\ 1 & \circledcirc & 3 & \varnothing \\ \varnothing & 5 & 4 & 3 \\ 5 & 6 & \circledcirc & \varnothing \end{pmatrix}\begin{matrix} \surd \\ \\ \surd \\ \\ \end{matrix} \xrightarrow{\text{最小元素 }2} \begin{pmatrix} 0 & 0 & 2 & 1 \\ 3 & 0 & 3 & 0 \\ 0 & 3 & 2 & 1 \\ 7 & 6 & 0 & 0 \end{pmatrix}$$

$$\begin{matrix} \surd & & & \end{matrix}$$

图5－5　匈牙利计算过程图

继续进行第二步，得到图5－6。

$$\rightarrow \begin{pmatrix} \varnothing & \circledcirc & 2 & 1 \\ 1 & \circledcirc & 3 & \varnothing \\ \circledcirc & 3 & 2 & 3 \\ 7 & 6 & \circledcirc & \varnothing \end{pmatrix}$$

图5－6　匈牙利计算过程图

此时已有4个独立0元素，则得最优解如图5－7所示。

$$\begin{pmatrix} 0 & 1 & 0 & 0 \\ 0 & 0 & 0 & 1 \\ 1 & 0 & 0 & 0 \\ 0 & 0 & 1 & 0 \end{pmatrix}$$

图5－7　最优解

最优指派方案为：甲完成B任务，乙完成D任务，丙完成A任务，丁完成C任务，所需总时间为：5＋4＋3＋4＝16（天）。

指派问题为常见的分派任务的问题，它是特殊的0～1规划问题和运输问题，求指派问题的匈牙利算法的主要步骤：

（1）变化系数矩阵，使各行各列都出现0元素。

（2）在变换后的系数矩阵中确定独立0元素。

（3）画0元素的最少覆盖线，以确定最多的独立0元素个数。

（4）变换系数矩阵，增加0元素。

5.3　固定成本问题

【例5－4】高压容器公司制造小、中、大三种尺寸的金属容器，所用资源为金属板、劳动力和机器设备，制造一个容器所需的各种资源的数量如表5－5所示。

不考虑固定费用，每种容器售出一只所得的利润分别为4万元、5万元、6万元，可使用的金属板有500吨，劳动力有300人/月，机器有100台/月，此外，不管每种容器制造的数量是多少，都要支付一笔固定的费用：小号为100万元，中号为150万元，大号为200万元。现在要制订一个生产计划，使获得的利润为最大。

表 5 – 5 生产情况表

资源	小号容器	中号容器	大号容器
金属板（吨）	2	4	8
劳动力（人/月）	2	3	4
机器设备（台/月）	1	2	3

解：这是一个整数规划的问题。

设 x_1、x_2、x_3 分别为小号容器、中号容器和大号容器的生产数量。

各种容器的固定费用只有在生产该种容器时才投入，为了说明固定费用的这种性质，设：

$$y_i = \begin{cases} 1, & \text{当生产第 } i \text{ 种容器即 } x_i > 0 \text{ 时} \\ 0, & \text{当不生产第 } i \text{ 种容器即 } x_i = 0 \text{ 时} \end{cases}$$

$$\max Z = 4x_1 + 5x_2 + 6x_3 - 100y_1 - 150y_2 - 200y_3$$

约束条件首先可以写出受金属板、劳动力以及机器设备等资源限制的三个不等式：

$$\text{s. t.} \begin{cases} 2x_1 + 4x_2 + 8x_3 \leq 500 \\ 2x_1 + 3x_2 + 4x_3 \leq 300 \\ x_1 + 2x_2 + 3x_3 \leq 100 \end{cases}$$

然后，为了避免出现某种容器不投入固定费用就生产这样一种不合理的情况，因而必须加上以下的约束条件：

$$\begin{cases} x_1 \leq y_1 M \\ x_2 \leq y_2 M \\ x_3 \leq y_3 M \end{cases}$$

其中，M 是充分大的数，从一个容器至少要两个劳动力约束条件可知，各种容器的制造数量不会超过 200 台，我们可以取大 M 为 200，即得：

$$\begin{cases} x_1 \leq 200y_1 \\ x_2 \leq 200y_2 \\ x_3 \leq 200y_3 \end{cases}$$

当 y_i 等于零，即对第 i 种容器不投入固定费用时，从 $x_i \leq 200y_i$，可得 $x_i \leq 0$，则第 i 种容器必不能生产；当 y_i 等于 1，即对第 i 种容器投入固定费用时，从 $x_i \leq 200y_i$，可得 $x_i \leq 200$，则第 i 种容器必不能生产的数量要 ≤ 200，这是合理的。综上所述，得到此问题的数学模型如下：

$$\max Z = 4x_1 + 5x_2 + 6x_3 - 100y_1 - 150y_2 - 200y_3$$

$$\text{s. t.} \begin{cases} 2x_1 + 4x_2 + 8x_3 \leqslant 500 \\ 2x_1 + 3x_2 + 4x_3 \leqslant 300 \\ x_1 + 2x_2 + 3x_3 \leqslant 100 \\ x_1 - My_1 \leqslant 0 \\ x_2 - My_2 \leqslant 0 \\ x_3 - My_3 \leqslant 0 \\ x_1, \ x_2, \ x_3 \geqslant 0 \\ y_1, \ y_2, \ y_3 \ \text{为} \ 0 \sim 1 \ \text{变量} \end{cases}$$

经计算得：最大目标函数值为 300，最优解为 $x_1 = 100$，$x_2 = 0$，$x_3 = 0$，也就是说生产 100 台小容器可得最大利润 300 万元。

5.4 分布系统设计

【例 5-5】某企业在 A_1 地已有一个工厂，其产品的生产能力为 30 万箱，为了扩大生产，打算在 A_2、A_3、A_4、A_5 地中再选择几个地方建厂，已知在 A_2 地建厂的固定成本为 175 万元，在 A_3 地建厂的固定成本为 300 万元，在 A_4 地建厂的固定成本为 375 万元。在 A_5 地建厂的固定成本为 500 万元。另外，A_1、A_2、A_3、A_4、A_5 建成厂的产量，那时销地的销量以及产地到销地的单位运价（每万箱运费）如表 5-6 所示。

表 5-6　　　　　　　　　　　　单位运价表

产地	销地			产量（万箱）
	B_1	B_2	B_3	
A_1	8	4	3	30
A_2	5	2	3	10
A_3	4	3	4	20
A_4	9	7	5	30
A_5	10	4	2	40
销量（万箱）	30	20	20	

（1）问：应该在哪几个地方建厂，在满足销量的前提下，使得其总的固定成本和总的运输费用之和最小。

（2）如果由于政策要求必须在 A_2、A_3 地建一个厂，应在哪几个地方建厂？

解：（1）设 x_{ij} 为从 A_i 运往 B_j 的运输量（单位：万箱）：

$$y_i = \begin{cases} 1，当 A_i 厂址被选中时 \\ 0，当 A_i 厂址没被选中时 \end{cases}$$

则此问题的固定成本及总运费最小的目标可以写为：

$$\min Z = 175y_2 + 300y_3 + 375y_4 + 500y_5 + 8x_{11} + 4x_{12} + 3x_{13} + 5x_{21} + 2x_{22} + 3x_{23}$$
$$+ 4x_{31} + 3x_{32} + 4x_{33} + 9x_{41} + 7x_{42} + 5x_{43} + 10x_{51} + 4x_{52} + 2x_{53}$$

其中，前 4 项为固定投资额，后面的项为运输费用。

对 A_1 厂来说其产量限制的约束条件可写成：

$$x_{11} + x_{12} + x_{13} \leqslant 30$$

但是对 A_2、A_3、A_4、A_5 准备选址建设的新厂来说，只有当选为厂址建设，才会有生产量，所以它们的产量限制的约束条件写成：

$$\text{s. t.} \begin{cases} x_{21} + x_{22} + x_{23} \leqslant 10y_2 \\ x_{31} + x_{32} + x_{33} \leqslant 30y_3 \\ x_{41} + x_{42} + x_{43} \leqslant 30y_4 \\ x_{51} + x_{52} + x_{53} \leqslant 40y_5 \end{cases}$$

满足销量的约束条件可写为：

$$\text{s. t.} \begin{cases} x_{11} + x_{21} + x_{31} + x_{41} + x_{51} = 30 \\ x_{12} + x_{22} + x_{32} + x_{42} + x_{52} = 20 \\ x_{13} + x_{23} + x_{33} + x_{43} + x_{53} = 20 \end{cases}$$

再加上 x_{ij} 为非负整数及 y_i 为 0～1 变量的约束，就得到了此问题的数学模型。用可以求得如下最优解：

$y_5 = 1$，$x_{52} = 20$，$x_{53} = 20$，$x_{11} = 30$，其余变量均为零，最优值为 860（万元）。

（2）我们只要在以上模型上加上一个约束条件：

$y_2 + y_3 = 1$，就得到了问题（2）的数学模型，用计算机可求得最优解如下：

$y_2 = 1$，$y_4 = 1$，$x_{22} = 10$，$x_{41} = 30$，$x_{12} = 10$，$x_{13} = 20$ 其余变量均为零，最优值为 940（万元）。

【习题】

1. 某公司拟用集装箱托运甲、乙两种货物，这两种货物每件的体积、重量，可获利润以及托运所受限制如表 5 - 7 所示，甲种货物至多托运 4 件，问：两种货物各托运多少件，可使获得利润最大。

表 5 - 7　　　　　　　　　　　　托运情况表

货物	每件体积（立方英尺）*	每件重量（千克）	每件利润（元）
甲	195	4	2
乙	273	40	3
托运限制	1 365	140	

2. 京城畜产品公司计划在市区的东、西、南、北四区建立销售门市部，拟有 10 个位置 $A_i(i=1, 2, 3, \cdots, 10)$ 可供选择，考虑到各地区居民的消费水平及居民居住密集度，规定：

在东区由 A_1、A_2、A_3 三个点至多选择两个；

在西区由 A_4、A_5 两个点中至少选一个；

在南区由 A_6、A_7 两个点中至少选一个；

在北区由 A_8、A_9、A_{10} 两个点中至少选一个；

A_i 各点的设备投资及每年可获利润由于地点不同都是不一样的，预测情况如表 5-8 所示。投资总额不能超过 720 万元，问：应该选择哪几个销售点，可使年利润为最大？

表 5-8　　　　　　　　　销售门市部投资和利润表　　　　　单位：万元

	A_1	A_2	A_3	A_4	A_5	A_6	A_7	A_8	A_9	A_{10}
投资额	100	120	150	80	70	90	80	140	160	180
利润	36	40	50	22	20	30	25	48	58	61

3. 求解下列整数规划问题：

（1）$\max Z = 5x_1 + 8x_2$

$$\text{s. t.} \begin{cases} x_1 + x_2 \leq 6 \\ 5x_1 + 9x_2 \leq 45 \\ x_1, x_2 \geq 0, \text{且为整数} \end{cases}$$

（2）$\max Z = 3x_1 + 2x_2$

$$\text{s. t.} \begin{cases} 2x_1 + 3x_2 \leq 14 \\ 2x_1 + x_2 \leq 9 \\ x_1, x_2 \geq 0, \text{且 } x_1 \text{ 为整数} \end{cases}$$

（3）$\max Z = 7x_1 + 9x_2 + 3x_3$

$$\text{s. t.} \begin{cases} -x_1 + 3x_2 + x_3 \leq 7 \\ 7x_1 + x_2 + 3x_3 \leq 38 \\ x_1, x_2, x_3 \geq 0, \text{且 } x_1 \text{ 为整数}, x_3 \text{ 为 } 0\sim1 \text{ 变量} \end{cases}$$

4. 三年内有五项工程可以考虑施工，每项工程的期望收入和年度费用如表 5-9 所示。已知每一项工程一旦被选定都需要三年时间完成，请选出使三年末总收入最大的那些工程。

表 5-9		工程费用表		单位：万元
工程	费用			收入
	第一年	第二年	第三年	
1	5	1	8	20
2	4	7	10	40
3	3	9	2	20
4	7	4	1	15
5	8	6	10	30
可用基金	25	25	25	

5. 某公司需要制造 2 000 件产品，可利用 A、B、C 任意一个设备加工，已知每种设备的生产准备费用、生产该产品的单件耗电量、成本及每种设备的最大加工数量如表 5-10 所示。

表 5-10		生产情况表		
设备	生产准备费（元）	耗电量（度/件）	生产成本（元/件）	生产能力（件）
A	100	0.5	7	800
B	300	1.8	2	1 200
C	200	1.0	5	1 400

(1) 如果总用电量限制在 2 000 度时，请指定一个成本最低的生产方案。

(2) 如果总用电量限制在 2 500 度时，请指定一个成本最低的生产方案。

(3) 如果总用电量限制在 2 800 度时，请指定一个成本最低的生产方案。

(4) 如果总用电量没有限制，请制定一个成本最低的生产方案。

6. 一个公司考虑到北京、上海、广州和武汉四个城市设立库房，这些库房负责向华北、华中、华南三个地区供货，每个库房每月可处理货物 1 000 件。在北京设库房每月成本为 4.5 万元、上海为 5 万元、广州为 7 万元、武汉为 4 万元。每个地区的月平均量为：华北每月 500 件、华中每月 8 000 件、华南每月 700 件。发运货物的费用如表 5-11 所示。

表 5-11	单位运价表		单位：元
	华北	华中	华南
北京	200	400	500
上海	300	250	400
广州	600	350	300
武汉	350	150	350

公司希望在满足地区需求的条件下，使平均月成本最小，且满足以下条件：

（1）如果在上海设库房，则必须在武汉设库房。

（2）最多设两个库房。

（3）武汉和广州不能同时设库房。

请写出一个满足上述条件的整数规划模型。

7. 某公司假期安排员工出去爬山，有甲、乙、丙、丁四家旅行社可供选择，正值黄金周各家旅行社都只剩一部车可用，其车辆使用费分别为 1 000 元/车、2 000 元/车、2 500 元/车和 1 500 元/车，各车分别可坐 60 人、80 人、100 人、55 人。各旅行社拥有不同程度的优惠门票，分别为每人 22 元、19 元、17 元和 21 元。公司现有 190 人。问：如何安排可使公司花费最少。

8. 某航空公司经营 A、B、C 三个城市之间的航线，这些航线每天班机起飞与到达时间如表 5-12 所示。

表 5-12   航班飞行情况表

航班号	起飞城市	起飞时间	到达城市	到达时间
101	A	9：00	B	12：00
102	A	10：00	B	13：00
103	A	15：00	B	18：00
104	A	20：00	C	24：00
105	A	22：00	C	2：00（次日）
106	B	4：00	A	7：00
107	B	11：00	A	14：00
108	B	15：00	A	18：00
109	C	7：00	A	11：00
110	C	15：00	A	19：00
111	B	13：00	C	18：00
112	B	18：00	C	23：00
113	C	15：00	B	20：00
114	C	7：00	B	12：00

设飞机在机场停留损失费用大致与停留时间的平方呈正比，每架飞机从降落到下班起飞至少需要两小时准备时间。

请用指派问题的方法，求出一个使停留费用损失为最小的飞行方案。

第6章 目标规划

【导入案例】

升级调薪问题：某公司的员工工资有 A、B、C 三级，根据实际需要，公司准备引进部分新员工，并将部分员工的工资提升一级，该公司的员工工资及提级前后的编制情况如表 6-1 所示，其中，提级后编制是计划编制可以有变化，A 级员工中有 10% 要退休，退休后工资从福利基金中开支，公司负责人在考虑提级加薪方案时依次遵循以下原则：

（1）不能超过月工资总额 230 万元。
（2）提级时，不能超过每级的定编人数。
（3）升级面不超过相应等级人数的 20%。
（4）C 级不足编制人数可录用新员工。

根据相关资料，试为该公司负责人拟订一份合适的加薪方案。

表 6-1　　　　　　　　　　各级员工人数和工资情况表

等级	月工资	现有人数	编制人数
A	8 000	100	120
B	6 000	120	150
C	3 000	150	150

6.1 目标规划概述

【例 6-1】某汽车制造厂生产 A、B 两种型号的汽车，该制造厂每年原材料的供应量为 1 600 吨，生产一辆汽车所需原材料都是 2 吨，工厂的生产能力是每 5 小时可生产一辆 A 型号汽车，每 2.5 小时可生产一辆 B 型号汽车，制造厂全年的有效工时是 2 500 小时；已知供应给该厂 A 型号汽车用的轮胎每年可装配 400 辆。根据调查，生产每辆 A 型号汽车可获利 4 000 元，B 型号汽车为 3 000 元。负责人如何安排生产计划可使该制造厂每年利润最大？

解：设 x_1、x_2 分别表示该制造厂每年生产的 A、B 两种型号汽车的数量，则可建立该问题的数学模型如下：

$$\max Z = 4\,000x_1 + 3\,000x_2$$

$$\text{s. t.} \begin{cases} 2x_1 + 2x_2 \leqslant 1\,600 \\ 5x_1 + 2.\,5x_2 \leqslant 2\,500 \\ x_1 \leqslant 400 \\ x_1,\ x_2 \geqslant 0 \end{cases}$$

求解上述模型，得到最优解为 $x_1 = 200$ 辆，$x_2 = 600$ 辆，最优值为 $z^* = 260$ 万元，即每年分别生产 A、B 两种型号的汽车 200 辆、600 辆，可获得最大利润 260 万元。

事实上，该公司负责人在制订生产计划时往往会考虑市场等一系列其他条件，例如：

（1）希望达到或超过原计划利润指标 260 万元。

（2）根据市场的需求，A 型号汽车的产量不超过 300 辆。

（3）充分利用工厂的有效工时，尽量不加班。

（4）原材料的消耗量不超过库存量。

这样，在制订生产计划时，就需要重新调整方案，于是就产生了一个多目标决策问题。

下面引入与建立目标规划模型有关的概念。

1. 正、负偏差变量 d^+，d^-

用正偏差变量 d^+ 表示决策值超过目标值的部分，负偏差变量 d^- 表示决策值未达到目标值的部分，规定：若决策值超过目标值时，$d^+ > 0$，$d^- = 0$；若决策值未达到目标值时，$d^- > 0$，$d^+ = 0$；当决策值与目标值相等时，$d^+ = d^- = 0$。于是，我们可以得到 $d^+ \times d^- = 0$，即决策值不可能超过目标值同时又未达到目标值。

2. 绝对约束和目标约束

绝对约束是指必须严格满足的等式和不等式约束，如线性规划问题中的所有约束条件都是绝对约束。目标约束是目标规划特有的约束，它把右端常数项作为要追求的目标值，在达到此目标值时允许发生正或负偏差，因此，在目标表达式左端加入正、负偏差变量构成等式约束。目标约束是由决策变量，正、负偏差变量及目标值构成的软约束。与目标约束不同，绝对约束是硬约束，并且可以根据问题的需要转化成目标约束。

3. 优先等级（优先因子）与权系数

在一个目标规划的模型中，并不是每个目标都处于均等地位。即在要求达到这些目标时，一般有主次先后之分，此时用优先因子来区分目标的重要程度，排在第一位的目标赋予优先因子为 P_1，第二位优先因子为 P_2，…，设共有 K 个优先因子，则规定 $P_i \gg P_{i+1}$，$i = 1$，2，…，$K-1$。也就是说，在求解过程中，首先要保证 P_1 级目标的实现，这时不需要考虑次级目标；而 P_2 级目标的实现是在 P_1 级目标的基础上考虑的，以此类推。在同一优先级别中，为区分不同目标要求的重要程度，可分别赋予它们不同的权系数，权系数为数字，数越大表明该目标越重要，优先因子及权系数，均由决策者按具体情况来确定。

4. 目标规划的目标函数

目标规划的目标函数是由各目标约束的正、负偏差变量及相应的优先因子、权系数构成的函数，决策者的要求是尽可能地从某个方向缩小偏离目标的数值，使决策值尽可能达到目标值，因此，目标函数应该是求极小：$\min f = f(d^+, d^-)$。其基本形式有三种：

（1）要求恰好达到目标值，即正、负偏差量尽可能小，即 $\min f = f(d^+, d^-)$。

（2）要求不超过目标值，即允许达不到目标值，但正偏差量尽可能小，即 $\min f = f(d^+)$。

（3）要求超过目标值，即超过量不限，但负偏差量尽可能小，即 $\min f = f(d^-)$。

对每一个具体的目标规划问题，可根据决策者的要求和赋予各目标的优先因子来构造目标函数。

在〖例 6-1〗的基础上，考虑上面提到的四种情形，重新确定决策方案。

解：针对〖例 6-1〗的问题，由于受到市场销售、原材料价格等情况的影响，适当调整生产计划，但要尽量保证利润不减少。依次考虑上面的四个目标：

（1）应尽可能达到或超过原计划利润指标 260 万元，即：
$$4\,000x_1 + 3\,000x_2 + d_1^- - d_1^+ = 2\,600\,000$$

（2）A 型号汽车的产量不应超过 300 辆，即：
$$x_1 + d_2^- - d_2^+ = 300$$

（3）充分利用工厂有效工时，尽量不加班，即：
$$5x_1 + 2.5x_2 + d_3^- - d_3^+ = 2\,500$$

（4）原材料的消耗不超过库存量，即：
$$2x_1 + 2x_2 + d_4^- - d_4^+ = 1\,600$$

根据目标之间的相对重要程度，分等级和权重，求出相对最优解。

按照决策者的要求，对上述四个目标赋予优先因子，分别以 P_1、P_2、P_3、P_4 表示，对于 P_1 级目标，负偏差量尽可能小，所以 $P_1 d_1^-$ 尽可能小；对于 P_2 级目标，正偏差量尽可能小，所以 $P_2 d_2^+$ 尽可能小；对于 P_3 级目标，正、负偏差量尽可能小，所以 $P_3(d_3^+ + d_3^-)$ 尽可能小；对于 P_4 级目标，正偏差量尽可能小，所以 $P_4 d_4^+$ 尽可能小。

于是我们得到下面的目标规划模型：

$$\min Z = P_1 d_1^- + P_2 d_2^+ + P_3 (d_3^+ + d_3^-) + P_4 d_4^+$$

$$\text{s. t.} \begin{cases} 4\,000x_1 + 3\,000x_2 + d_1^- - d_1^+ = 2\,600\,000 \\ x_1 + d_2^- - d_3^+ = 300 \\ 5x_1 + 2.5x_2 + d_3^- - d_3^+ = 2\,500 \\ 2x_1 + 2x_2 + d_4^- - d_4^+ = 1\,600 \\ x_1,\ x_2 \geqslant 0 \\ d_1^+,\ d_1^-,\ d_2^+,\ d_2^-,\ d_3^+,\ d_3^-,\ d_4^+,\ d_4^- \geqslant 0 \end{cases}$$

目标函数的一般数学模型为：

$$\min Z = \sum_{l=1}^{L} P_l \Big[\sum_{k=1}^{K} (\omega_{lk}^- d_k^- + \omega_{lk}^+ d_k^+) \Big]$$

$$\text{s. t.} \begin{cases} \sum\limits_{j=1}^{n} c_{kj} x_j + d_k^- - d_k^+ = g_k,\ k = 1,\ 2,\ \cdots,\ K\ (\text{目标约束}) \\ \sum\limits_{j=1}^{n} a_{ij} x_j = (\leqslant,\ \geqslant) b_i,\ i = 1,\ 2,\ \cdots,\ m\ (\text{绝对约束}) \\ x_j \geqslant 0,\ j = 1,\ 2,\ \cdots,\ n \\ d_k^+,\ d_k^- \geqslant 0,\ k = 1,\ 2,\ \cdots,\ K \end{cases}$$

其中，$P_l(l = 1,\ 2,\ \cdots,\ L)$ 为优先因子，且 $P_l \leqslant P_{l+1}(l = 1,\ 2,\ \cdots,\ L-1)$。$\omega_{lk}^+$，$\omega_{lk}^-$ 为权系数，数值根据实际问题来确定。$c_{kj}(k = 1,\ 2,\ \cdots,\ K;\ j = 1,\ 2,\ \cdots,\ n)$ 为各目标的相关参数值，$g_k(k = 1,\ 2,\ \cdots,\ K)$ 为第 K 个目标的指标值，a_{ij}，$b_i(j = 1,\ 2,\ \cdots,\ n;\ i = 1,\ 2,\ \cdots,\ m)$ 为系统约束的相关系数，它们均为已知常数。

因此，建立目标规划数学模型的步骤可以归纳为：

（1）根据实际问题所要满足的条件与达到的目标，设出决策变量，列出目标约束和绝对约束。

（2）通过引入正、负偏差变量将某些或全部绝对约束转化为目标约束。

（3）根据目标的主次，给出各级目标的优先因子 $P_l(l = 1,\ 2,\ \cdots,\ L)$，对同一层次优先级的不同目标，按其重要程度赋予相应的权系数 ω_{lk}^+，ω_{lk}^-。

（4）确定各级的目标函数，然后构造一个由优先因子和权系数组成的、要求最小化的总目标函数。

6.2　目标规划应用

6.2.1　生产计划问题

【例 6-2】某企业接到了订购 15 000 件甲型和乙型产品的订货合同，合同中没有对这两种产品各自的数量作任何要求，但合同要求该企业在一周内完成生产任务并交货。根据该企业的生产能力，一周内可以利用的生产时间为 21 000 分钟，可利用的包装时间为 35 000 分钟，生产一件甲型产品和乙型产品的时间分别为 2 分钟和 1 分钟，包装一件甲型产品和乙型产品的时间分别为 2 分钟和 3 分钟。每件甲型产品成本为 8 元，利润为 9 元，每件乙型产品成本为 12 元，利润为 8 元。企业负责人首先考虑必须要按合同完成订货任务，并且既不要有不足量，也不要有超额量；其次要求销售额尽量达到或接近 260 000 元。最后考虑可加班，但加班时间尽量地少。试为该企业制订合理的生产计划。

解：企业负责人确定下面 3 项作为企业的主要目标，并按其重要程度排列如下：

第一个目标，恰好生产和包装完成 15 000 件甲型产品和乙型产品，赋予优先因子 p_1。

第二个目标，完成或尽量达到销售额 260 000 元，赋予优先因子 p_2。

第三个目标，加班时间尽量地少，赋予优先因子 p_3。

现在用目标规划来解决这个多目标的规划问题。

（1）确定决策变量。

设：x_1 为甲型产品的生产数量，x_2 为乙型产品的生产数量。

（2）确定目标约束。

①产品数量的目标约束。

用 d_1^- 表示甲型产品和乙型产品总产量达不到 15 000 件时的偏差量，用 d_1^+ 表示甲型产品和乙型产品超过 15 000 件时的偏差量，故有：

$$\min Z_1 = d_1^+ + d_1^-$$

$$\text{s. t. } x_1 + x_2 + d_1^+ + d_1^- = 15\ 000$$

②销售额的目标约束。

用 d_2^- 表示销售额达不到 260 000 元的偏差量，用 d_2^+ 表示销售额超过 260 000 元的偏差量，由企业的目标要求，有：

$$\min Z_2 = d_2^-$$

$$\text{s. t. } 17x_1 + 20x_2 + d_2^- - d_2^+ = 260\ 000$$

③加班时间的目标约束。

用 d_3^- 和 d_3^+ 分别表示减少和增加生产时间的偏差，用 d_4^- 和 d_4^+ 分别表示减少和增加包装时间的偏差量，根据目标要求（加班的时间尽量地少），我们有：

$$\min Z_3 = d_3^+ + d_4^+$$

$$\text{s. t. } \begin{cases} 2x_1 + x_2 + d_3^- - d_3^+ = 21\ 000 \\ 2x_1 + 3x_2 + d_4^- - d_4^+ = 35\ 000 \end{cases}$$

于是，该问题的目标规划模型可以写为：

$$\min Z = p_1\left(d_1^+ + d_1^-\right) + p_2 d_2^- + p_3\left(d_3^+ + d_4^+\right)$$

$$\text{s. t.} \begin{cases} x_1 + x_2 + d_1^- - d_1^+ = 15\ 000 \\ 17x_1 + 20x_2 + d_2^- - d_2^+ = 260\ 000 \\ 2x_1 + x_2 + d_3^- - d_3^+ = 21\ 000 \\ 2x_1 + 3x_2 + d_4^- - d_4^+ = 35\ 000 \\ x_1,\ x_2,\ d_i^+,\ d_i^- \geqslant 0\ (i = 1,\ 2,\ 3,\ 4) \end{cases}$$

6.2.2　产品销售问题

【例 6 - 3】某书店现有 4 名全职销售员和 3 名兼职销售员，全职销售员和兼职销售员每月的工作时间分别为 150 小时和 70 小时。根据已有的销售记录，全职销售平均每小时销售 30 本，平均工资 15 元/小时，加班工资 30 元/小时，兼职销售员平均每小时销售 15 本，平均工资 10 元/小时，加班工资 15 元/小时。已知每售出一本书的平均盈利为 20 元。

为提高销售额，书店负责人首先要求下月图书的销售量不少于 25 000 本，根据已有数据，销售员可能需要加班才能完成任务。其次，销售员如果加班过多，就会因为疲劳过度而使得工作效率下降，因此，全职销售员每月加班不允许超过 100 小时。此外，要保持稳定的就业水平，并且加倍优先考虑全职销售员。最后，尽量减少加班时间，必要时对这两类销售员有所区别，主要依据他们对利润的贡献大小而定。试为该书店制订下一个月的工作方案。

解：根据实际情况，确定问题的目标和优先级：

第一个目标，图书的销售量不少于 25 000 件，赋予优先因子 p_1。

第二个目标，全职销售员的加班时间不超过 100 小时，赋予优先因子 p_2。

第三个目标，保持全体销售员的充分就业，要加倍优先考虑全职销售员，赋予优先因子 p_3。

第四个目标，尽量减少销售员的加班时间，必要时对两类销售员有所区别，优先权因子由他们对利润的贡献大小而定，赋予优先因子 p_4。

现在用目标规划来解决这个多目标的规划问题。

（1）确定决策变量。

设：x_1 为所有全职销售员的工作时间；x_2 为所有兼职销售员的工作时间。

（2）确定目标约束。

① 图书销售量的目标约束。

用 d_1^- 表示达不到销售目标的偏差量，用 d_1^- 表示超过销售目标的偏差量，故有：

$$\min Z_1 = d_1^-$$
$$\text{s. t.} \quad 30x_1 + 15x_2 + d_1^- - d_1^+ = 25\ 000$$

② 加班时间的目标约束。

用 d_2^- 和 d_2^+ 分别表示全职销售员加班时间不足 100 小时和超过 100 小时的偏

差量，根据问题要求，有：

$$\min Z_2 = d_2^+$$

$$\text{s. t.} \quad x_1 + d_2^- - d_1^+ = 700$$

③正常工作时间的目标约束。

用 d_3^- 和 d_3^+ 分别表示全职销售员停工时间和加班时间的偏差量，用 d_4^- 和 d_4^+ 分别表示兼职销售员停工时间和加班时间的偏差量，由书店的目标，加倍优先考虑全职销售员，有：

$$\min Z_3 = 2d_3^- + d_4^-$$

$$\text{s. t.} \quad \begin{cases} x_1 + d_3^- - d_3^+ = 600 \\ x_2 + d_4^- - d_4^+ = 210 \end{cases}$$

④加班工作的目标约束。

全职销售员加班 1 小时，书店获利 570 元，兼职销售员加班 1 小时，书店获利 285 元，因此，根据目标要求，我们取两者的加权系数分别为 2 和 1，于是：

$$\min Z_4 = 2d_3^+ + d_4^+$$

$$\text{s. t.} \quad \begin{cases} x_1 + d_3^- - d_3^+ = 600 \\ x_2 + d_4^- - d_4^+ = 210 \end{cases}$$

于是，可得该问题的目标规划模型为：

$$\min Z = p_1 d_1^- + p_2 d_2^+ + p_3 (2d_3^- + d_4^-) + p_4 (2d_3^+ + d_4^+)$$

$$\text{s. t.} \quad \begin{cases} 30x_1 + 15x_2 + d_1^- - d_1^+ = 25\,000 \\ x_1 + d_2^- - d_2^+ = 700 \\ x_1 + d_3^- - d_3^+ = 600 \\ x_2 + d_4^- - d_4^+ = 210 \\ x_1, \ x_2, \ d_i^+, \ d_i^- \geqslant 0 \quad (i = 1, \ 2, \ 3, \ 4) \end{cases}$$

6.2.3 投资决策问题

【例6-4】某集团计划用 1 500 万元对下属 5 家企业进行技术改造，各企业单位投资额已知，预计技术改造完成后单位投资收益率 ［（单位投资获得利润/单位投资额）×100％］ 如表 6-2 所示。

表 6-2 各企业投资情况表

	企业 1	企业 2	企业 3	企业 4	企业 5
单位投资额（万元）	15	10	20	12	25
单位投资收益率（％）	4.85	3.75	5.22	3.88	6.15

集团制定的目标是：

（1）充分利用现有投资额，尽量不追加预算。

（2）总期望收益率达到总投资的 0.25%。

（3）保证企业 5 的投资不超过 30%。

问：集团应如何做出投资决策？

解：设 $x_j(j=1，2，3，4，5)$ 为该集团对第 j 家企业投资的单位数。

（1）总投资约束。

$$15x_1+10x_2+20x_3+12x_4+25x_5+d_1^--d_1^+=1\,500$$

（2）投资收益约束。

$$4.85x_1+3.75x_2+5.22x_3+3.88x_4+6.15x_5+d_2^--d_2^+=$$
$$0.25(15x_1+10x_2+20x_3+12x_4+25x_5)$$

整理得：

$$1.1x_1+1.25x_2+0.22x_3+0.88x_4-0.1x_5+d_2^--d_2^+=0$$

（3）企业 5 投资约束。

$$25x_5+d_3^--d_3^+=0.3(15x_1+10x_2+20x_3+12x_4+25x_5)$$

整理得：

$$-4.5x_1-3x_2-6x_3-3.6x_4+17.5x_5+d_3^--d_3^+=0$$

根据目标重要性依次写出目标函数，整理后得到该投资决策问题的目标规划数学模型：

$$\min Z=p_1(d_1^-+d_1^+)+p_2d_2^-+p_3d_3^+$$

$$\text{s.t.}\begin{cases}15x_1+10x_2+20x_3+12x_4+25x_5+d_1^--d_1^+=1\,500\\ 1.1x_1+1.25x_2+0.22x_3+0.88x_4-0.1x_5+d_2^--d_2^+=0\\ -4.5x_1-3x_2-6x_3-3.6x_4+17.5x_5+d_3^--d_3^+=0\\ x_j，d_i^+，d_i^-\geqslant 0\quad(i=1，2，3\quad j=1，2，3，4，5)\end{cases}$$

6.3　加权目标规划

加权目标规划是另一种解决多目标决策问题的方法，其基本方法是通过量化方法分配给每个目标偏离的严重程度一个罚数权重，然后建立总的目标函数，该目标函数表示的目标是要使每个目标函数与各自目标的加权偏差之和最小，假设所有单个的目标函数及约束条件都符合线性规划的要求，那么，整个问题就可以表述为一个线性规划问题。

【例 6-5】一工艺品厂商手工生产某两种工艺品 A、B，已知生产一件产品 A 需要耗费人力 2 工时，生产一件产品 B 需要耗费人力 3 工时。A、B 产品的单位利润分别为 250 元和 125 元。生产的首要任务是保证人员高负荷生产，要求每周总耗费人力资源不能低于 600 工时，但也不能超过 680 工时的极限；次要任务是要求每周的利润超过 70 000 元；在前两个任务的前提下，为了保证库存需要，要求每周产品 A 和 B 的产量分别不低于 200 件和 120 件，因为 B 产品比 A 产品更重要，不妨假设 B 完成最低产量 120 件的重要性是 A 完成 200 件的重要性的 1 倍。

我们对每周总耗费的人力资源超过 680 工时或低于 600 工时的每工时罚数权重定为 7；每周利润低于 70 000 元时，每元的罚数权重为 5；每周产品 A 产量低于 200 件时每件罚数权重为 2，而每周产品 B 产量低于 120 件时每件罚数权重为 4。

试求如何安排生产？

解：这个问题的重要性用权数表示，重要性越高权数越大，所以可以建模如下：

$$\min Z = 7d_1^+ + 7d_2^- + 5d_3^+ + 2d_4^- + 4d_5^-$$

$$\text{s. t.} \begin{cases} 2x_1 + 3x_2 + d_1^- - d_1^+ = 680 \\ 2x_1 + 3x_2 + d_2^- - d_2^+ = 600 \\ 250x_1 + 125x_2 + d_3^- - d_3^+ = 70\ 000 \\ x_1 + d_4^- - d_4^+ = 200 \\ x_2 + d_5^- - d_5^+ = 200 \\ x_j,\ d_i^+,\ d_i^- \geqslant 0 \quad (i = 1,\ 2,\ 3,\ 4,\ 5 \quad j = 1,\ 2) \end{cases}$$

加权目标规划和优先权目标规划都是解决目标规划问题的方法，加权目标规划的关键是：寻找一个将罚数相对准确地分配给各个目标来表示各目标对总目标的影响的严重程度，来实现总目标尽可能好的各个目标平衡的解。对某个具体问题来说，如能做到这点，加权目标规划显然比优先权目标规划更精确一些。但这对管理者来说并不容易做到。相对而言，评价各目标对总目标的重要性的顺序显得较为容易了。故优先权目标规划适用范围会比加权规划更大一些，可操作性更强一些。

【习题】

1. 试述目标规划的数学模型与一般线性规划数学模型的相同和不同之处。

2. 一个小型的无线电广播台考虑如何最好地来安排音乐、新闻和商业节目时间。依据法律，该台每天允许广播 12 小时，其中，商业时间节目用以赢利，每小时可收入 250 美元，新闻节目每小时需支出 40 美元，音乐节目每播一小时费用为 17.50 美元。法律规定，正常情况下商业节目只能占广播时间的 20%，每小时至少安排 5 分钟新闻节目。问每天的广播节目该如何安排？优先级如下：

P1：满足法律规定要求。

P2：每天的纯收入最大。

试建立该问题的目标规划模型。

3. 某企业生产两种产品，产品Ⅰ售出后每件可获利 10 元，产品Ⅱ售出后每件可获利 8 元。生产每件产品Ⅰ需 3 小时的装配时间，每件产品Ⅱ需 2 小时装配时间，可用的装配时间共计为每周 120 小时，但允许加班。在加班时间内生产两种产品时，每件的获利分别降低 1 元。加班时间限定每周不超过 40 小时。企业希望总获利最大，请凭自己的经验确定优先结构，并建立该问题的目标规划模型。

4. 某厂生产 A、B 两种型号的微型计算机产品，每种型号的微型计算机均需要经过两道工序Ⅰ、Ⅱ。已知每台微型计算机所需要的加工时间、销售利润及工厂每周最大加工能力的数据如表 6-3 所示。

表 6-3　　　　　　　　　　生产情况表

	A	B	每周最大加工能力（小时）
Ⅰ	4	6	150
Ⅱ	3	2	70
利润（元/台）	300	450	

工厂经营目标的期望值及优先级如下：

P1：每周总利润不得低于 10 000 元。

P2：应合同要求，A 型机每周至少生产 10 台，B 型机每周至少生产 15 台。

P3：由于条件限制且希望充分利用工厂的生产能力，工序Ⅰ的每周生产时间必须恰好为 150 小时。工序Ⅱ的每周生产时间可适当超过其最大加工能力（允许加班）试建立此问题的目标规划模型。

5. 某企业用同一生产线生产甲、乙、丙三种产品，三种产品装配式的工作消耗依次为 6 小时、8 小时和 10 小时，在固定的时间内，生产线正常工作时间为 20 小时，三种产品销售后每件可分别获利 500 元、650 元和 800 元，预计销量一次为 12 台、10 台和 6 台，负责人在制订生产计划时，依次考虑：利润不少于每月 16 000 元；充分利用生产能力；加班时间不超过 24 小时；产量以预计销量为标准。试建立该问题的相关模型。

6. 光明台灯厂生产普通型和豪华型两种型号的台灯，装配一盏普通型和豪华型台灯的时间分别为 1 小时和 2 小时，每周正常的装配时间限定为 40 小时，根据以往的销售情况，每周普通型销售不超过 30 盏，豪华型不超过 15 盏。每销售一盏普通型和豪华型的利润分别为 8 元和 12 元。厂长在制订生产计划时，依次考虑一下要求：

（1）总利润最大。

（2）尽可能少加班。

（3）每周生产的产品数不多于销售的数量。

试建立该问题的目标规划模型，并为该企业给出一个满意的生产方案。

7. 某玩具制造厂生产 A 型和 B 型玩具，在生产过程中，两种玩具需要同一种关键材料分别为 6 千克和 4 千克。每件 A 型和 B 型玩具可获得利润分别为 100 元和 80 元。每周关键材料的计划供应量为 240 千克，若不够时可议价购入不多于 80 千克的此种材料，由于原材料价格上涨，致使 A 型和 B 型玩具的利润下降，每件降低 10 元，试建立该问题的目标规划模型，并为该玩具厂制订最优的生产计划方案（优先顺序可根据经验来确定）。

8. 假设某洗衣机厂生产全自动和半自动两种洗衣机，每生产一台这两种洗衣机都需要工时为 1（小时/台）。工厂的正常生产能力是每日两班、每周工作 80 小时。根据市场需求，每周的最大销售量为全自动 70 台，半自动 35 台。已知每售出一台全自动和半自动洗衣机的利润分别为 250 元和 150 元，为了制订合理的生产计划，负责人提出：

（1）尽量避免开工不足。

（2）当任务重时，可以采用加班的方法扩大生产，但每周加班最好不超过 10 小时。

（3）尽量达到销售指标。

（4）尽可能减少加班时间。

试建立该问题的目标规划模型，并为该厂给出一个满意的生产方案。

9. 某公司的员工工资有四级，根据实际需要，公司准备引进部分新员工，并将员工的工资提升一级。该公司的员工工资及提级前后的编制情况如表 6-4 所示，其中，提级后编制是计划编制可以有变化，1 级员工中有 8% 要退休。公司负责人在考虑提级加薪方案时依次遵循以下原则：

（1）提级后月工资总额不超过 5.5 万元。

（2）每个等级的人数不超过定编人数。

（3）每级员工的升级面不少于现有人数的 18%。

（4）4 级不足编制人数可录用新员工。根据相关资料，试为该公司负责人拟订一份合适的加薪方案。

表 6-4　　　　　　　　　各级员工人数和工资情况表

级别	1	2	3	4
工资（万元）	0.8	0.6	0.4	0.3
现有员工数	10	20	40	30
编制员工数	10	22	52	30

10. 某机械厂生产 A 型和 B 型两种机械，平均生产能力为 1 件/小时，工厂的正常生产能力为 80 小时/周，A 型机械的销售利润为 2 500 元/件，B 型机械的销售利润为 1 500 元/件。若 A 型和 B 型两种机械在市场中每周的需求量分别为 70 件和 45 件，工厂负责人在考虑一周的生产计划时依次考虑以下几个原则：

（1）尽量避免生产开工不足。

（2）加班时间不超过 10 小时。

（3）尽可能达到市场需求的最大销售量。

（4）尽量减少加班时间。

试建立该问题的目标规划模型，并为该机械厂制订最优的一周生产计划方案。

11. 某企业用同一条生产线生产甲、乙两种产品，每周生产线运行时间为 60 小时，若生产一台甲产品需要 4 小时，生产一台乙产品需要 6 小时。根据市场预测，甲、乙两种产品每周的平均销售量分别为 9 台和 8 台，它们的销售利润分别为 12 万元和 18 万元，企业负责人在制订生产计划时，需要考虑以下目标：

（1）产量不能超过市场预测的销售量。

（2）加班时间尽可能地少。

（3）希望达到利润最大。

（4）产品尽可能满足市场需求，若不能满足，市场认为乙产品的重要性为甲产品的 2 倍。

试建立该问题的目标规划模型，并为该企业给出一个合理的生产方案。

【案例】

案例 1：生产计划问题

一工厂生产两种产品 A 和 B，已知生产一件产品 A 需要耗费人力 3 工时，生产一件产品 B 需要耗费人力 4 工时。A、B 产品的单位利润分别为 300 元和 150 元。为了最大效率地利用人力资源，确定生产的首要任务是保证人员高负荷生产，要求每周总耗费人力资源不能低于 700 工时，但也不能超过 780 工时的极限；次要任务是要求每周的利润超过 80 000 元；在完成前两个任务的前提下，为了保证库存需要，要求每周产品 A 和 B 的产量分别不低于 250 件和 125 件，因为 B 产品比 A 产品更重要，不妨假设完成 125 件 B 产品的重要性是完成 250 件 A 产品重要性的 2 倍。

问：工厂应如何拟订生产计划？

案例 2：人员招聘问题

一家企业准备为其在甲、乙两地设立的分公司招聘从事 3 个专业的职员 200 名，具体情况如表 6-5 所示。

表 6-5　　　　　　　　　　招聘情况表

城市	专业	招聘人数	城市	专业	招聘人数
甲	技术	25	乙	技术	30
甲	销售	35	乙	销售	25
甲	会计	45	乙	会计	40

企业人力资源部门将应聘的审查合格人员共210人按适合从事专业、本人希望从事专业及本人希望工作的城市，分成6个类别，具体情况如表6-6所示。

表6-6　　　　　　　　　　　　　人员情况表

类别	人数	适合从事专业	本人希望从事专业	希望工作的城市
1	35	技术、销售	技术	甲
2	35	销售、会计	销售	甲
3	35	技术、会计	技术	乙
4	35	技术、会计	会计	乙
5	35	销售、会计	会计	甲
6	35	会计	会计	乙

企业确定具体录用与分配的优先级顺序为：

（1）企业恰好录用到应招聘而用适合从事该专业工作的职员。

（2）80%以上录用人员从事本人希望从事的专业。

（3）80%以上录用人员去本人希望工作的城市工作。

（4）试为该企业拟订一个招聘计划。

案例3：运输问题

已知三个工厂生产的产品供应4个用户需要，各工厂生产量、用户需求量及从各工厂到用户的单位产品的运输费用如表6-7所示。

表6-7　　　　　　　　　　　　　单位运价表

工厂	用户				生产量
	1	2	3	4	
1	5	2	6	7	300
2	3	5	4	6	200
3	4	5	2	3	400
需求量	200	100	450	250	

用表上作业法求得最优调配方案如表6-8所示，总运费为2950元。但上述方案只考虑了运费为最少，没有考虑到很多具体情况和条件。故上级部门研究后确定了制订调配方案时要考虑的七项目标，并规定重要性次序为：

第一个目标：第4用户为重要部门，需要量必须全部满足。

第二个目标：供应用户1的产品中，工厂3的产品不少于100单位。

第三个目标：为兼顾一般，每个用户满足率不低于80%。

第四个目标：新方案总运费不超过原方案的10%。

第五个目标：因道路限制，从工厂2到用户4的路线应尽量避免分配运输任务。

第六个目标：用户1和用户3的满足率应尽量保持平衡。

第七个目标：力求减少总运费。

求最优调运方案。

表6-8　　　　　　　　　　运费最少的调运方案表

		用户				生产量
		1	2	3	4	
工厂	1	200	100			300
	2	0		200		300
	3			250	150	400
虚设					100	100
需求量		200	100	450	250	

第7章 图 论

【导入案例】

"七桥问题"是18世纪著名古典数学问题之一。在普鲁士的哥尼斯堡，有一条河穿过，河上有两个小岛，有七座桥把两个岛与河岸联系起来（见图7-1）。有个人提出一个问题：一个步行者怎样才能不重复、不遗漏地一次走完七座桥，最后回到出发点？

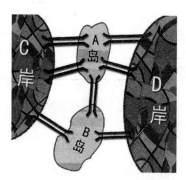

图7-1 哥尼斯堡七桥问题

问题提出后，很多人对此很感兴趣，纷纷进行试验，但在相当长的时间里，始终未能解决。而利用普通数学知识，每座桥均走一次，那这七座桥所有的走法一共有5 040种，而这么多情况，要一一试验，这将会是很大的工作量。但怎么才能找到成功走过每座桥而不重复的路线呢？因而形成了著名的"七桥问题"。

1735年，有几名大学生写信给当时正在俄罗斯的彼得斯堡科学院任职的天才数学家欧拉，请他帮忙解决这一问题。欧拉在亲自观察了哥尼斯堡七桥后，认真思考走法，但始终没能成功，于是他怀疑七桥问题是不是原本就无解呢？

1736年，在经过一年的研究之后，29岁的欧拉提交了《哥尼斯堡七桥》的论文，圆满解决了这一问题，同时开创了数学新的分支——图论。

在论文中，欧拉将七桥问题抽象出来，把每一块陆地考虑成一个点，连接两块陆地的桥以线表示。若我们分别用A、B、C、D四个点表示为哥尼斯堡的四个区域。这样著名的"七桥问题"便转化为是否能够用一笔不重复地画出此七条线的问题了。若可以画出来，则图形中必有终点和起点，并且起点和终点应该是同一点，由于对称性可知由B或C为起点得到的效果是一样的，若假设以A为起点和终点，则必有一离开线和对应的进入线，若我们定义进入 A 的线的条数为入度，离开线的条数为出度，与 A 有关的线的条数为 A 的度，则 A 的出度和入度是相等的，即 A 的度应该为偶数。即要使得从 A 出发有解，则 A 的度数应该为偶数，而实际上 A 的度数是 5 为奇数，于是可知从 A 出发是无解的。同时若从 B 或 D 出发，由于 B、D 的度数分别是 3、3，都是奇数，即以之为起点都是无解的。

有上述理由可知，对于所抽象出的数学问题是无解的，即"七桥问题"也是无解的。

图论是一个古老的但又十分活跃的分支，它以图为研究对象。图论中的图是由若干给定的点及连接两点的线所构成的图形，通常用来描述某些事物之间的某种特定关系，用点代表事物，用连接两点的线表示相应两个事物间具有某种关系。

将复杂庞大的工程系统和管理问题用图描述，可以解决很多工程设计和管理决策的最优化问题。

7.1　图与网络概述

7.1.1　图的基本概念

图论是运筹学中最早形成的一个分支，迄今已有两百多年的历史，它是建立和处理离散数学模型的一个重要工具。现实中很多问题都可以用图形的方式形象直观地描述和分析。为了反映事物之间的关系，人们常常用点和线来画出各种各样的示意图。

所谓图论，就是关于图的理论，这里的图与几何图是不同的，几何图有长短、曲直、角度和面积等概念，图论的"图"没有这些视觉上的概念，只有点与边等抽象的关系概念。点代表事物，边（线）代表事物之间的关联。线的长短、曲直不说明任何问题，两点之间有线连接说明两者有关联，否则说明没有直接关联。下面给出几个基本概念：

- 边：两点之间的连线叫作边（edge），记为 E。
- 弧：有方向的边叫作弧（arc），记为 A。
- 无向图：由点集 y 和边集 i 组成的图叫作无向图，记为 $G=(V, E)$。
- 有向图：由点集 r 和弧集 A 组成的图叫作有向图，记为 $C_1=(V, A)$。
- 连通图：图中任意两点之间直接或间接地均有边相连，则称此图为连通图。跟其他点没有边相连的点叫作孤立点。
- 链：一个连续不断的点弧交替序列叫作链，见图 7-2（b）中 $V_1-V_2-V_3-V_4-V_5$ 叫作一条 $V_1 \sim V_5$ 的链。
- 路：方向一致的点弧交替序列叫作路，见图 7-2（b）中 $V_1-V_2-V_4-V_5$ 就是一条路，闭合的路叫作回路，如 $V_1-V_2-V_3-V_1$。

● 赋权图：对无向图 G 的每一条边 (v_i, v_j)，相应有一个数 w_{ij}，则称图 G 为赋权图，w_{ij} 称为边 (v_i, v_j) 上的权。

● 网络：在赋权的有向图 D 中指定一点，称为发点（记为 v_s），指定另一点为收点（记为 v_t），其余点称为中间点，并把 D 中的每一条弧的赋权数 c_{ij} 称为弧 (v_i, v_j) 的容量，这样的赋权有向图 D 称为网络。

图 7 - 2 （a）是无向图，代表 V_1 至 V_5 的五个地点是直接或间接相通的，图 7 - 2 （b）是有向图，代表五个地点的关系，不过图中都是"单行线"。无向图可以认为是双向连通的有向图。

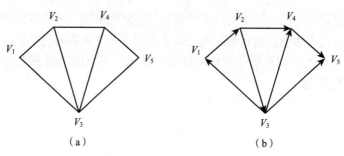

（a）　　　　　　　　　　（b）

图 7 - 2　无向图和有向图

7.1.2　图的应用

【例 7 - 1】一个人群中，相互认识关系可以用图表示，如图 7 - 3 所示。

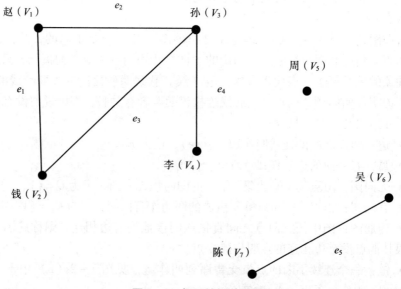

图 7 - 3　相互认识关系图

图论不仅描述对象之间关系，还研究特定关系之间的内在规律，一般情况下图中点的相对位置如何、点与点之间连线的长短曲直，对于反映对象之间的关系并不重要，如对赵等七人的相互认识关系可用图 7 - 4 表示，可见图论的图与几何图、工程图是不一样的。

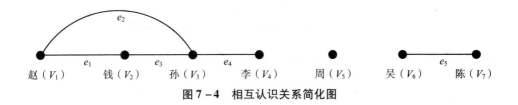

图 7 - 4　相互认识关系简化图

7.2　最短路问题

最短路问题是网络理论中应用最广泛的问题之一。许多优化问题都可以使用这个模型，如设备更新、管道的铺设、线路的安排、厂区的布局等。

最短路问题的一般提法是：设 $G = (V, E)$ 为连通图，图中各边 (v_i, v_j) 有权 l_{ij}（$l_{ij} = \infty$ 表示 v_i，v_j 之间没有边），v_s，v_t 为图中任意两点，求一条道路 μ，使它是从 v_s 到 v_t 的所有路中总权最小的路。即 $L(\mu) = \sum\limits_{(v_i,v_j) \in \mu} l_{ij}$ 最小。

7.2.1　最短路问题的算法

最短路算法中 1959 年由 Dijkstra（迪杰斯特拉）提出的算法被公认为是目前最好的方法，我们称为 Dijkstra 算法。下面通过例子来说明此法的基本思想。条件：所有的权数 $l_{ij} \geqslant 0$。

【例 7 - 2】求图 7 - 5 中从 v_1 到 v_8 的最短距离，并指出最短线路。

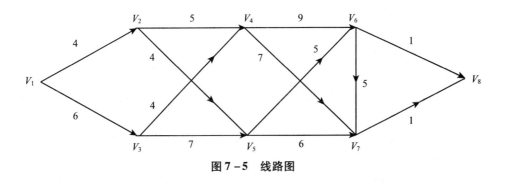

图 7 - 5　线路图

（1）从 v_1 出发，向 v_8 走。首先，从 v_1 到 v_1 的距离为 0，给 v_1 标号（0）。画第 1 个弧（表明已 v_1 标号，或已走出 v_1）（见图 7 - 6）。

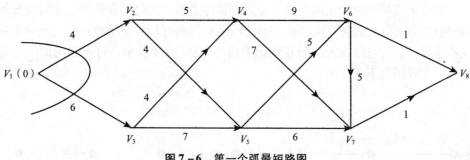

图 7-6 第一个弧最短路图

（2）从 v_1 出发，只有两条路可走 (v_1, v_2)，(v_1, v_3)，其距离为 $l_{12} = 4$，$l_{13} = 6$。可能最短路为 $\min\{k_{12}, k_{13}\} = \min\{l_{12}, l_{13}\} = \min\{4, 6\} = 4$。

①给 (v_1, v_2) 划成粗线。

②给 v_2 标号（4）。

③画第 2 个弧（见图 7-7）。

表明走出 v_1 后走向 v_8 的最短路目前看是 (v_1, v_2)，最优距离是 4。

现已考察完毕第二个圈内的路，或者说，已完成的 v_1，v_2 标号。

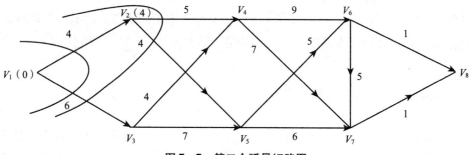

图 7-7 第二个弧最短路图

（3）接着往下考察，有三条路可走：(v_1, v_3)，(v_2, v_4)，(v_2, v_5)。可选择的最短路为：

$$\min\{k_{13}, k_{24}, k_{25}\} = \min\{l_{13}, l_{12} + d_{24}, l_{12} + d_{25}\} = \min\{6, 4+5, 4+4\} = 6$$

①给 (v_1, v_3) 划成粗线。

②给 v_3 标号（6）。

③画第 3 个弧（见图 7-8）。

（4）接着往下考察，有四条路可走：(v_2, v_4)，(v_2, v_5)，(v_3, v_4)，(v_3, v_5)。可选择的最短路为：

$$\min\{k_{24}, k_{25}, k_{34}, k_{35}\} = \min\{9, 8, 10, 13\} = 8$$

①给 (v_2, v_5) 成粗线。

②给 v_5 标号（8）。

③画第 4 个弧（见图 7-9）。

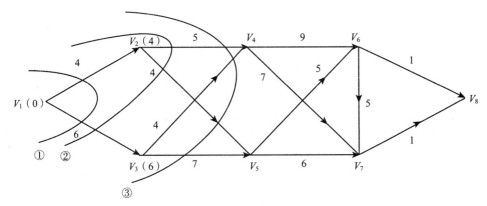

图 7 - 8　第三个弧最短路图

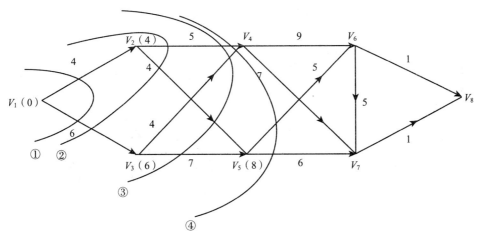

图 7 - 9　第四个弧最短路图

（5）接着往下考察，有四条路可走：(v_2, v_4)，(v_3, v_4)，(v_5, v_6)，(v_5, v_7) 可选择的最短路为 $\min\{k_{24}, k_{34}, k_{56}, k_{57}\} = \min\{9, 10, 13, 14\} = 9$。

①给 (v_2, v_4) 划成粗线。

②给 v_4 标号（9）。

③画第 5 个弧（见图 7 - 10）。

接着往下考察，有四条路可走：(v_4, v_6)，(v_4, v_7)，(v_5, v_6)，(v_5, v_7) 可选择的最短路为：

$$\min\{k_{46}, k_{47}, k_{56}, k_{57}\} = \min\{18, 16, 13, 14\} = 13$$

①给 (v_5, v_6) 划成粗线。

②给 v_6 标号（13）。

③画第 6 个弧（见图 7 - 11）。

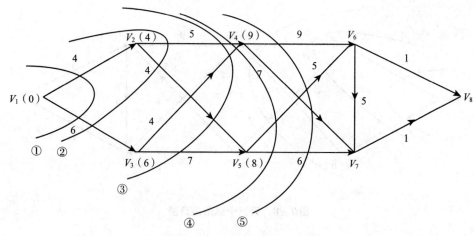

图 7 - 10　第五个弧最短路图

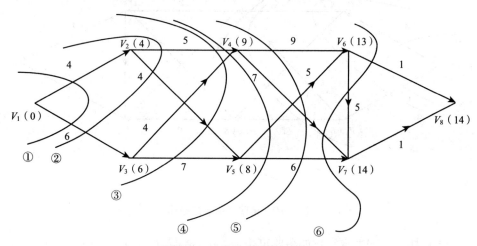

图 7 -11　第六个弧最短路图

（6）接着往下考察，有四条路可走：(v_4, v_7)，(v_5, v_7)，(v_6, v_7)，(v_6, v_8)。可选择的最短路为：

$$\min\{k_{47}, k_{57}, k_{67}, k_{68}\} = \min\{16, 14, 18, 14\} = 14$$

①同时给 (v_5, v_7)，(v_6, v_8) 划成粗线。

②分别给 v_7，v_8 标号（14）。

最后，从 v_8 逆寻粗线到 v_1，得最短路：$v_1 \rightarrow v_2 \rightarrow v_5 \rightarrow v_6 \rightarrow v_8$ 长度为 14。

7.2.2　最短路问题的两个应用

最短路问题在图论应用中处于很重要的地位，下面举一个实际应用的例子。

【例 7 –3】设备更新问题

某工厂使用一台设备，每年年初工厂要作出决定：继续使用，购买新的？如果继续使用旧的，要付维修费；若要购买一套新的，要付购买费。试确定一个 5 年计划，使总支出最小。已知设备在各年的购买费及不同机器役龄时的残值与维修费，如表 7-1 所示。

表 7-1　　　　　　　　　　设备更新情况表

项目	第 1 年	第 2 年	第 3 年	第 4 年	第 5 年
购买费	11	12	13	14	14
机器役龄	0~1	1~2	2~3	3~4	4~5
维修费	5	6	8	11	18
残值	4	3	2	1	0

解：把这个问题化为最短路问题。

用点 v_i 表示第 i 年初购进一台新设备，虚设一个点 v_6，表示第 5 年年底。边 (v_i, v_j) 表示第 i 年购进的设备一直使用到第 j 年初（即第 $j-1$ 年年底）（见图 7-12）。

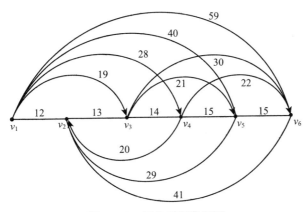

图 7-12　设备更新费用图

边 (v_i, v_j) 上的数字表示第 i 年初购进设备，一直使用到第 j 年初所需支付的购买费、维修的全部费用（可由表 7-1 计算得到）。这样设备更新问题就变为：求从 v_1 到 v_6 的最短路问题。

（1）$v_1(0)$。

（2）$\min\{k_{12}, k_{13}, k_{14}, k_{15}, k_{16}\} = \min\{12, 19, 28, 40, 59\} = 12$。

给 (v_1, v_2) 画成粗线，给弧 (v_1, v_2) 的终点 v_2 标号（12）（见图 7-13）。

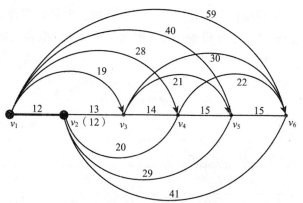

图 7-13 第 1 年末最短路图

（3） $\min\{k_{13}, k_{14}, k_{15}, k_{16}, k_{23}, k_{24}, k_{25}, k_{26}\} = \min\{28, 40, 59, 12 + 13, 12 + 20, 12 + 29, 12 + 41\} = 19$。

给 (v_1, v_3) 画成粗线，给弧 (v_1, v_3) 的终点 v_3 标号（19）（见图 7-14）。

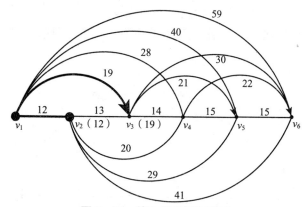

图 7-14 第 2 年末最短路图

（4） $\min\{k_{14}, k_{15}, k_{16}, k_{23}, k_{24}, k_{25}, k_{26}, k_{34}, k_{35}, k_{36}\} = \min\{28, 40, 59, 32, 41, 53, 33, 40, 49\} = 28$。

给 (v_1, v_4) 画成粗线，给弧 (v_1, v_4) 的终点 v_4 标号（28）（见图 7-15）。

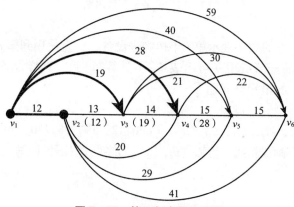

图 7-15 第 3 年末最短路图

（5）$\min\{k_{15}, k_{16}, k_{25}, k_{26}, k_{35}, k_{36}, k_{45}, k_{46}\} = \min\{40, 59, 41, 43, 40, 49, 43, 50\} = 40$。

给 (v_1, v_5)，(v_3, v_5) 画成粗线，给弧 (v_1, v_5)，(v_3, v_5) 的终点 v_5 标号（40）（见图 7-16）。

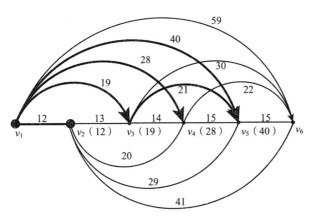

图 7-16　第 4 年末最短路图

（6）$\min\{k_{16}, k_{26}, k_{36}, k_{46}, k_{56}\} = \min\{59, 53, 49, 50, 55\} = 49$

给 (v_3, v_6) 画成粗线，给弧 (v_3, v_6) 的终点 v_6 标号（49）（见图 7-17）。

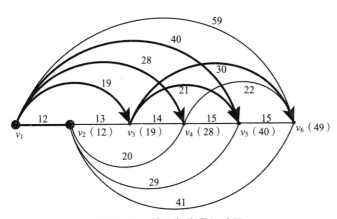

图 7-17　第 5 年末最短路图

（7）可得最短路 $v_1 - v_3 - v_6$ 最短路距离为 49。

即在第 1 年、第 3 年初各购买一台新设备为最优决策。这时 5 年的总费用为 49。

7.3 最小生成树

7.3.1 最小生成树

树是图论中的一个重要概念，用以表达事物之间的基本关系。各种网络、人际关系、组织架构等都可以用树加以描述。

所谓树，就是一个无圈的连通图。

树是定义在无向图上的，图7-18（a）就是一个树，如果再多一条边就不是树了，因为出现了圈，如图7-18（b）因为图中有圈，所以就不是树，图7-18（c）因为不连通所以也不是树。树是保持图为连通图的必要条件，少一条边就不是连通图了。电网要连通家家户户，电线就是一个树；间谍组织要尽可能单线联系，也是一个树。假设7-18（b）七位同学要搞一个聚会，如何通知呢？"相互转告"肯定不是最经济的，一定有人会说："我已经知道了。"但如果按照树形结构来下发通知，就不会重复了。

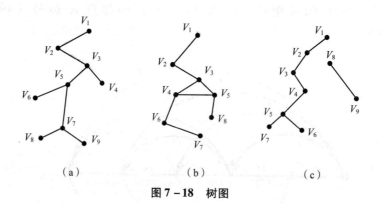

（a）   （b）   （c）

图7-18 树图

一个连通图可以包含多棵树，试看图7-19（a）中有几棵树？现实生活中，边往往是有赋权的，如果设计电网，一定会考虑顶点之间的距离；发会议通知，理论上也是有成本的。这里点与点之间的距离、人与人之间的通知成本就叫作权值。不同的树，其总权值也不相同。

给一个无向图 $G = (V, E)$，我们保留 G 的所有点，而删掉部分 G 的边或者说保留一部分 G 的边，所获得的图 G，称为 G 的生成子图。在图7-19中，（b）和（c）都是（a）的生成子图。

如果图 G 的一个生成子图还是一个树，则称这个生成子图为生成树，在图7-19中（c）就是（a）的生成树。

最小生成树也称最小支撑树，是指在一个赋权的连通的无向图 G 中找出一个生成树，并使这个生成树的所有边的权数之和为最小。

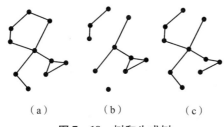

（a）　　　（b）　　　（c）

图7-19　树和生成树

7.3.2　最小生成树的解法

最小生成树的解法可以采用破圈法。下面结合例题予以说明。

算法的步骤如下：

（1）在给定的赋权的连通图上任找一个圈。

（2）在所找的圈中去掉一个权数最大的边（如果有两条或两条以上的边都是权数最大的边，则任意去掉其中一条）。

（3）如果所余下的图已不包含圈，则计算结束，所余下的图即为最小生成树，否则返回第（1）步。

【例7-4】用破圈算法求7-20（a）中的一个最小生成树。

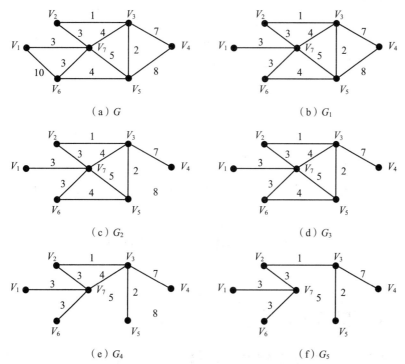

图7-20　最小生成树计算图

解:

(1) 在 G 中找一个圈 (V_1, V_7, V_6, V_1)，去掉权数最大的边 $[V_1, V_6]$，得图 G_1，见图 $7-20$ (b)。

(2) 在 G_1 中找一个圈 $(V_3, V_4, V_5, V_7, V_3)$，去掉权数最大的边 $[V_4, V_5]$，得图 G_2，见图 $7-20$ (c)。

(3) 在 G_2 中找一个圈 $(V_2, V_3, V_5, V_7, V_2)$，去掉权数最大的边 $[V_5, V_7]$，得图 G_3，见图 $7-20$ (d)。

(4) 在 G_3 中找一个圈 $(V_3, V_5, V_6, V_7, V_3)$，去掉权数最大的边 $[V_5, V_6]$ 或 $[V_3, V_7]$，得图 G_4，见图 $7-20$ (e)。

(5) 在 G_4 中找一个圈 (V_2, V_3, V_7, V_2)，去掉权数最大的边 $[V_3, V_7]$，得图 G_5，见图 $7-20$ (f)。

(6) 在 G_5 已找不到任何一个圈，即 G_5 为图 G 的最小生成树，其总权数为 $3+3+3+1+2+7=19$。

7.3.3 应用举例

【例 7-5】 某大学准备对其所属的 7 个学院办公室计算机联网，这个网络的可能连通的途径如图 $7-21$ 所示，图中 v_1，…，v_7 表示 7 个学院办公室，边上所赋的权数为这条线路的长度，单位为千米，请设计一个网络能连通 7 个学院办公室，并使总的线路长度为最短。

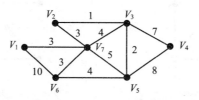

图 $7-21$ 学院办公室联网图

解: 此问题实际上是求图 $7-20$ 的最小生成树，这在〖例 $7-4$〗中已经求得，即按照图 $7-20$ 的 (f) 设计，可使此网络的总的线路长度为最短，为 19 千米。

7.4 最小费用最大流问题

7.4.1 最大流问题

最大流问题是一类应用极为广泛的问题，例如，在交通运输网络中有人流、车流、货物流，供水系统中有水流，金融系统中有现金流，通信系统中有信息流等。

最大流问题：给一个带收发点的网络，其每条弧的赋权称为容量，在不超过每条弧的容量的前提下，求出从发点到收点的最大流量。

1. 最大流的数学模型

【例7-6】某石油公司拥有一个管道网络，使用这个网络可以把石油从采地运送到一些销售点，这个网络的一部分如图7-22所示。由于管道直径的变化，它的各段管道(v_i, v_j)的流量c_{ij}（容量）也是不一样的。c_{ij}的单位为万加仑/小时。如果使用这个网络系统从采地v_1向销地v_7运送石油，问：每小时能运送多少加仑石油？

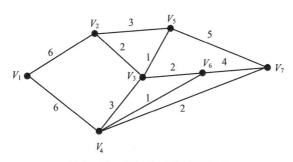

图7-22 石油公司管道网络图

解：以此例题建立线性规划数学模型：

设弧(v_i, v_j)上流量为f_{ij}，网络上的总的流量为F。

目标函数：
$$\max F = f_{12} + f_{14}$$

约束条件：
$$f_{12} = f_{23} + f_{25}$$
$$f_{14} = f_{43} + f_{46} + f_{47}$$
$$f_{23} + f_{43} = f_{35} + f_{36}$$
$$f_{25} + f_{35} = f_{57}$$
$$f_{36} + f_{46} = f_{67}$$
$$f_{57} + f_{67} + f_{47} = f_{12} + f_{14}$$
$$f_{ij} \leq c_{ij}, \quad (i=1, 2, \cdots, 6; j=2, \cdots, 7)$$
$$f_{ij} \geq 0, \quad (i=1, 2, \cdots, 6; j=2, \cdots, 7)$$

满足守恒条件及流量可行条件的一组网络流$\{f_{ij}\}$称为可行流（即线性规划的可行解），可行流中一组流量最大（即发点总流出量最大）的称为最大流（即线性规划的最优解）。

〖例7-6〗的数据c_{ij}代入以上线性规划模型，用计算机运算，得如下结果：
$$f_{12}=5, f_{14}=5, f_{23}=2, f_{25}=3, f_{43}=2, f_{46}=1, f_{47}=2, f_{35}=2, f_{36}=2, f_{57}=$$

5，$f_{67}=3$。

最优值（最大流）$=10$。

2. 最大流问题网络图论的解法

对网络上弧容量的表示作改进。对一条弧 (v_i, v_j) 的容量我们用一对数 c_{ij}，0 标在弧 (v_i, v_j) 上，c_{ij} 靠近 v_i 点，0 靠近 v_j 点，表示从 v_i 到 v_j 容许通过的容量为 c_{ij}，而从 v_j 到 v_i 容许通过的容量为 0，这样可以省去弧的方向。如图 7－23（a）和（b）所示。对于存在两条相反的弧 (v_i, v_j) 和 (v_j, v_i) 也可以用一条边和一对数组 c_{ij}，c_{ij} 表示它们的容量。如图 7－23（c）和（d）所示。

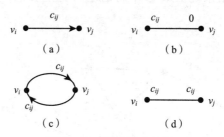

图 7－23　弧容量表示图

用上述方法对〖例 7－6〗的图 7－22 的容量标号作改进，得到图 7－24。

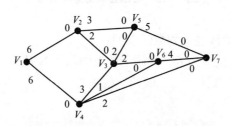

图 7－24　石油公司管道网络容量图

求最大流的基本算法：

（1）找出一条从发点到收点的路，在这条路上的每一条弧顺流方向的容量都大于零。如果不存在这样的路，则已经求得最大流。

（2）找出这条路上各条弧的最小的顺流容量 p_f，通过这条路增加网络的流量 p_f。

（3）在这条路上，减少每一条弧的顺流容量 p_f，同时增加这些弧的逆流容量 p_f，返回步骤（1）。

用此方法对〖例 7－6〗求解：

第一次迭代：选择路为 $v_1 \rightarrow v_4 \rightarrow v_7$。弧 (v_4, v_7) 的顺流容量为 2，决定了 $p_f=2$，改进的网络流量如图 7－25 所示。

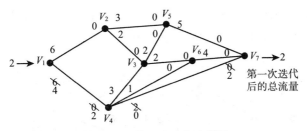

图 7-25 第一次迭代流量图

第二次迭代：选择路为 $v_1 \to v_2 \to v_5 \to v_7$。弧（$v_2$，$v_5$）的顺流容量为 3，决定了 $p_f = 3$，改进的网络流量如图 7-26 所示。

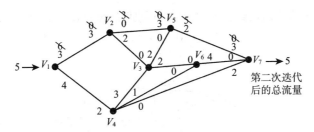

图 7-26 第二次迭代流量图

第三次迭代：选择路为 $v_1 \to v_4 \to v_6 \to v_7$。弧（$v_4$，$v_6$）的顺流容量为 1，决定了 $p_f = 1$，改进的网络流量如图 7-27 所示。

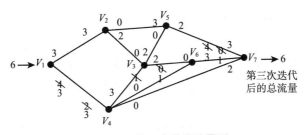

图 7-27 第三次迭代流量图

第四次迭代：选择路为 $v_1 \to v_4 \to v_3 \to v_6 \to v_7$。弧（$v_3$，$v_6$）的顺流容量为 2，决定了 $p_f = 2$，改进的网络流量如图 7-28 所示。

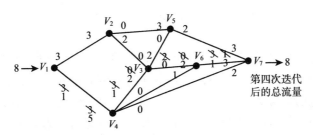

图 7-28 第四次迭代流量图

第五次迭代：选择路为 $v_1 \to v_2 \to v_3 \to v_5 \to v_7$。弧（$v_2$，$v_3$）的顺流容量为 2，决定了 $p_f = 2$，改进的网络流量如图 7 - 29 所示。

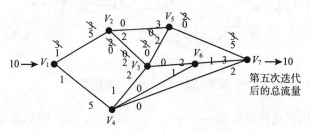

图 7 - 29　第五次迭代流量图

经过第五次迭代后已经找不到从发点到收点的一条路上的每一条弧顺流容量都大于零，运算停止。最大流量为 10。最大流量如图 7 - 30 所示。

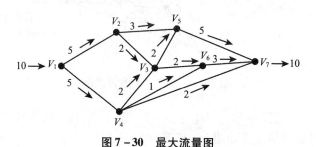

图 7 - 30　最大流量图

7.4.2　最小费用最大流问题

上面的最大流问题，我们解决了一个运输网络的最大通行能力问题，也就是给我们一个网络，我们可以知道这个网络单位时间的最大通行能力。因为选择线路先后顺序不同，现实中满足最大通行能力的方案可能是有多种的，而每种方案的费用可能是不同的，那么如何在多种不同的方案中去寻找一种费用最小的方案就显得尤为重要，这就是最小费用最大流问题。

最小费用最大流问题：给了一个带收发点的网络，对每一条弧 (v_i, v_j)，除了给出容量 c_{ij} 外，还给出了这条弧的单位流量的费用 b_{ij}，要求一个最大流 F，并使得总运送费用最小。

1. 最小费用最大流的数学模型

【例 7 - 7】由于输油管道的长短不一，所以在〖例 7 - 6〗中每段管道 (v_i, v_j) 除了有不同的流量限制 c_{ij} 外，还有不同的单位流量的费用 b_{ij}，c_{ij} 的单位为万加仑/小时，b_{ij} 的单位为万元/万加仑。如图 7 - 31 所示。从采地 v_1 向销地 v_7 运送石油，怎样运送才能运送最多的石油并使得总的运送费用最小？求出每小时的最大流量及最大流量的最小费用。

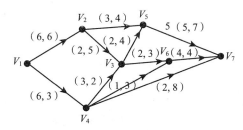

图7-31 石油公司管道网络图

最小费用最大流问题也可以看成是一个线性规划问题。

解：我们用线性规划来求解此题，可以分两步走。

第一步，先求出此网络图中的最大流量 F，这已在〖例7-6〗中建立了线性规划的模型，最大流量为10。

第二步，在最大流量 F 的所有解中，找出一个最小费用的解，我们来建立第二步中的线性规划模型。

设弧 (v_i, v_j) 上的流量为 f_{ij}，已知网络中最大流量为 F，只要在〖例7-6〗的约束条件上，再加上总流量必须等于 F 的约束条件：$f_{12} + f_{14} = F$，即得此线性规划的约束条件，此线性规划的目标函数显然是求其流量的最小费用 $\sum_{(v_i, v_j) \in A} f_{ij} \times b_{ij}$。由此得到线性规划模型如下。

可借助计算机求得如下结果：

$f_{12} = 4$，$f_{14} = 6$，$f_{25} = 3$，$f_{23} = 1$，$f_{43} = 3$，$f_{57} = 5$，$f_{36} = 2$，$f_{46} = 1$，$f_{47} = 2$，$f_{67} = 3$，$f_{35} = 2$ 其最优值（最小费用）为145。

如果〖例7-7〗的问题改为：每小时运送6万加仑的石油从采地 v_1 到销地 v_7 最小费用是多少？应怎样运送？这就变成了一个最小费用流问题。

求最小费用流问题的线性规划模型只要把最小费用最大流模型中的约束条件中的发点流量 F 改为 F 即可。在〖例7-7〗中只要把 $f_{12} + f_{14} = F$ 改为 $f_{12} + f_{14} = F = 6$，可得到最小费用流的线性规划模型。

2. 最小费用最大流的网络图论解法

（1）对网络上弧 (v_i, v_j) 的 (c_{ij}, b_{ij}) 表示作如下改进，用7-32（b）来表示7-32（a），用7-32（d）来表示7-32（c）。

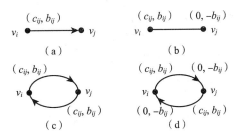

图7-32 弧容量费用表示图

用上述方法对图 7－32 中的弧标号进行改进，得图 7－33。

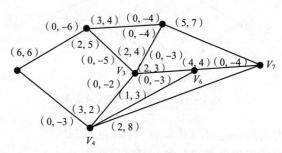

图 7－33　石油公司管道网络容量费用图

（2）求最小费用最大流的基本算法。在对弧的标号作了改进的网络图上求最小费用最大流的基本算法与求最大流的基本算法完全一样，不同的只是在步骤（1）中要选择一条总的单位费用最小的路，而不是包含边数最少的路。

用上述方法对〖例 7－7〗求解：

第一次迭代（见图 7－34）：最短路 $v_1 \to v_4 \to v_6 \to v_7$。第一次迭代后总流量为 1，总费用 $10 \times 1 = 10$。

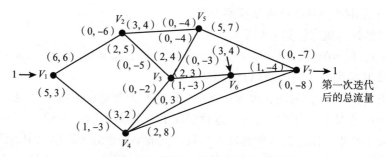

图 7－34　第一次迭代流量费用图

第二次迭代（见图 7－35）：最短路 $v_1 \to v_4 \to v_7$。第二次迭代后总流量为 3，总费用 $10 + 11 \times 2 = 32$。

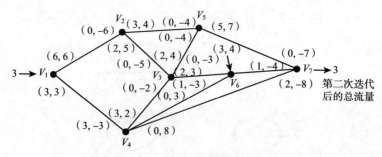

图 7－35　第二次迭代流量费用图

第三次迭代（见图 7-36）：找到最短路 $v_1 \rightarrow v_4 \rightarrow v_3 \rightarrow v_6 \rightarrow v_7$。第三次迭代后总流量为 5，总费用 $32 + 12 \times 2 = 56$。

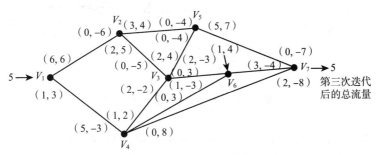

图 7-36 第三次迭代流量费用图

第四次迭代（见图 7-37）：找到最短路 $v_1 \rightarrow v_4 \rightarrow v_3 \rightarrow v_5 \rightarrow v_7$。第四次迭代后总流量为 6，总费用 $56 + 16 \times 1 = 72$。

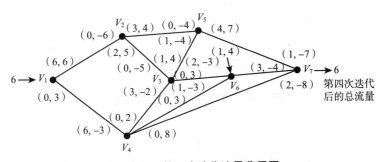

图 7-37 第四次迭代流量费用图

第五次迭代（见图 7-38）：找到最短路 $v_1 \rightarrow v_2 \rightarrow v_5 \rightarrow v_7$。第五次迭代后总流量为 9，总费用 $72 + 17 \times 3 = 123$。

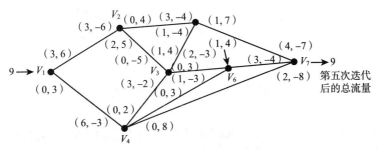

图 7-38 第五次迭代流量费用图

第六次迭代（见图 7-39）：找到最短路 $v_1 \rightarrow v_2 \rightarrow v_3 \rightarrow v_5 \rightarrow v_7$。第六次迭代后总流量为 10，总费用 $123 + 22 \times 1 = 145$。

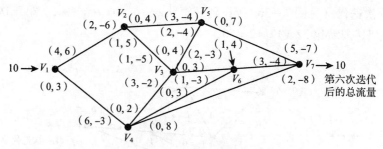

图 7 - 39　第六次迭代流量费用图

第六次迭代后，已找不到从 v_1 到 v_7 的每条弧容量都大于零的路了，故求得最小费用最大流。得到其最小费用最大流的流量图如图 7 - 40 所示。其总流量为10，即每小时最多运 10 万加仑石油，其最小总费用为 145 万元。

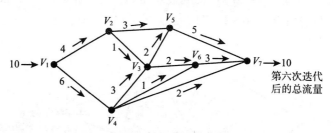

图 7 - 40　最小费用最大流的流量图

如果对〖例 7 - 7〗求一个最小费用流的问题：每小时运送 6 万加仑石油从 V_1 到 V_7 的最小费用是多少？我们可以从第四次迭代及图 7 - 37 可得到运送 6 万加仑最小费用 72 万元，其运送方式如图 7 - 41 所示。

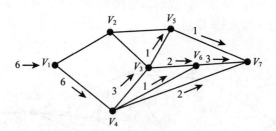

图 7 - 41　6 万加仑最小费用图

如果每小时运送 7 万加仑，我们可以在图 7 - 37 的基础上，再按第五次迭代所选的最短路运送 1 万加仑即得最小费用：$72 + 1 \times 17 = 89$（万元），其运送方式如图 7 - 42 所示。

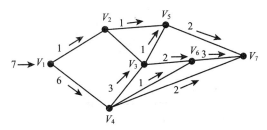

图7-42 7万加仑最小费用图

【习题】

1. 用破圈法求图7-43中各图的最小生成树。

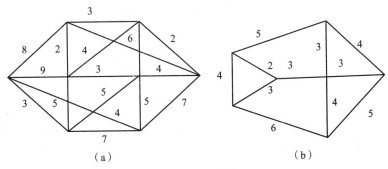

（a）　　　　　　　（b）

图7-43 树图

2. 某一个配送中心要给一个快餐店送快餐原料，应按照什么路线送货才能使送货时间最短。图7-44给出了配送中心到快餐店的交通图，图中 v_1，v_2，v_3，v_4，v_5，v_6，v_7 表示7个地名，其中 v_1 表示配送中心，v_7 表示快餐店，点之间的连线（边）表示两地之间的道路，边所赋的权数表示开车送原料通过这段道路所需的时间（单位：分钟）。

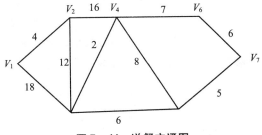

图7-44 送餐交通图

3. 小李每天都要骑电动车去某办公大楼送午餐，起点为 v_1，终点为 v_7，图7-45中各条路线旁的数字为他骑电动车经过该路段所需要的时间（单位：小时），试问小李应该选择哪条路线，使送餐时间最短，并求出该值。

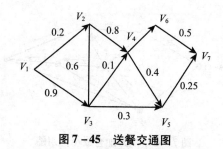

图 7-45　送餐交通图

4. 有 9 个小镇 v_1，v_2，…，v_9，公路网如图 7-46 所示，弧旁数据为该公路的长度，有运输队欲从 v_1 到 v_9 运货，问：走哪条路最短？

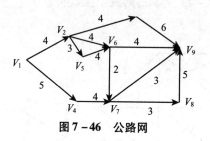

图 7-46　公路网

5. v_1 是某市邮局所在地，$v_2 \sim v_7$ 是 6 个市辖小镇邮局网点，问邮递员从市邮局往返每个镇网点的最短距离是怎样的？求图 7-47 中 v_1 到各点的最短距离。

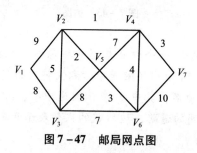

图 7-47　邮局网点图

6. 某电力公司要沿道路为 8 个居民点架设输电网络，连接 8 个居民点的道路图如图 7-48 所示，其中，v_1，v_2，…，v_8，表示 8 个居民点，图中的边表示可架设输电网络的道路，边上的赋权数为道路的长度，单位为千米，请设计一个输电网络，联通这 8 个居民点，并使总的输电路线长度为最短。

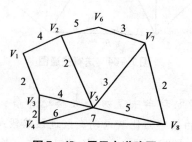

图 7-48　居民点道路图

7. 某地区的公路网如图 7-49 所示，图中的 v_1, v_2, …, v_8 为地点，边为公路，边上所赋的权数为该段公路的流量（单位为万辆/小时），请求出 v_1 到 v_6 的最大流量。

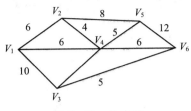

图 7-49　公路网

8. 请求下面网络图中最小费用最大流，图 7-50 中弧 (v_i, v_j) 的赋权为 (c_{ij}, b_{ij})，其中，c_{ij} 为从 v_i 到 v_j 的流量，b_{ij} 为从 v_i 到 v_j 的单位流量的费用。

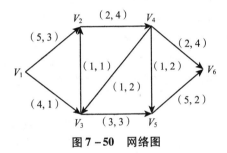

图 7-50　网络图

第8章 项目管理

【导入案例】

王小宝刚被提升为质量部经理,就碰到一件焦头烂额的事情。由于产品线的增加,质检部要购置一台新的测试设备。该设备制作复杂,从下订单到产品发货需要3个月的时间,运输最快也得两周。而新的产品线已经建成,需要该测试设备尽快投入使用。质检部要为该设备专门招聘一名操作工,这个工作虽然可以随时进行,但需要人事部的参与,还需从人事部履行一大堆手续。即便工人很快能招到,还要对其进行上岗培训。该培训必须在设备安装完成后,在设备上进行,而设备安装又必须等到设备到达以后才可开始。设备安装完毕还必须对其重新标定,只有设备标定和操作工培训完成以后,才能将设备投入使用,对新产品进行测试。

这些工作对王小宝来说本来不算什么,问题是,没有足够的时间。新生产线上的首批样件计划在4个月以后生产出来,他必须在此之前将上面所有工作完成。

面对时间紧、任务重的挑战,王小宝需要好好安排一下,从纷繁复杂的活动中理出头绪,看看先做什么、后做什么;哪些工作必须分清先后顺序、哪些工作可以同时做等,这些问题涉及项目时间管理的内容。

(资料来源:周小桥. 突出重围——项目管理实战 [M]. 北京:清华大学出版社,2003)

在企业的生产运作过程中,有些任务是例行的,重复性的,还有些是非常规的一次性任务(例如,建设一座厂房,安装一台大型设备,开发某种新产品,举办一次商业活动等),这些任务无法通过正常的运作管理模式来实现。这些任务与常规任务的运作管理模式有较大不同,本章将引入项目管理模式,对这类问题进行解决。

项目管理是一项十分复杂的系统工程,不论是项目的立项、论证、咨询、设计,还是项目的批准、施工、投产、运营以及以后的改造、更新、报废,都是一个不断发展、变化的系统,需要多学科、多部门、多地区、多技术相互协调。

一个项目管理得好,可以带来显著的经济效益和社会效益;反之管理得不好,就会带来社会财富的巨大浪费,甚至带来灾难性后果。

8.1　项目管理概述

8.1.1　项目的概念

项目可定义为，在规定时间内，在明确的工作目标和有限资源下，由专门组织起来的人员共同完成的一次性工作。从上述定义中，项目至少包含以下四个基本内容：

(1) 项目是由一系列具体工作所组成。

(2) 项目是一种一次性或临时性的工作。

(3) 项目都有一个明确的目标。

(4) 项目受各种有限资源的限制。

项目可以是一项建设工程，如航天载人工程、上海市地铁 2 号线建设或某一座大厦建设；也可是科研课题，例如，研制禽流感疫苗、开发一项系统软件。这些项目都有一个明确、清晰的目标，要求在预定的时间内完成，在有限各种资源的约束条件下，将参与项目的有关人员组织、协调起来，以完成这些项目。

8.1.2　项目管理的含义

项目管理是运用各种知识、技能、方法与工具，为满足或超越项目有关各方对项目的要求与期望所开展的各种计划、组织、领导和控制等方面的活动。

由于项目是一次性的工作，所以项目管理是一项十分复杂的工作，不论是项目的立项、论证、咨询、设计，还是项目的批准、施工、投产、运营以及以后的改造、更新、报废，都是一个不断发展、变化的系统，需要多学科、多部门、多地区、多技术相互协调。一个项目管理得好，可以带来显著的经济效益和社会效益；反之管理得不好，就会带来社会财富的浪费。

8.1.3　项目管理的要素

项目管理包括资源、目标、项目组织和项目环境四个要素。资源是项目实施的最根本保证，目标和需求是项目实施的基本要求，项目组织是项目实施运作的核心实体，项目环境是项目取得成功的可靠基础。

1. 资源

资源包括人力、原材料、资金、市场、信息和科技等。此外，专利、商标、信誉以及某种社会联系等，也是十分有用的资源。由于项目具有一次性特点，项目资源不同于其他组织机构的资源，它多是临时拥有和使用的。资金需要筹集，服务和咨询力量可采购（如招标发包）或招聘，有些资源还可以租赁。在项目过程中，资源需求变化甚大，有些资源用毕后要及时偿还或遣散，任何资源积压、滞留或短缺都会给项目带来损失。资源的合理、高效的使用对项目管理尤为重要。

2. 目标

项目管理目标主要包括质量、费用和进度三个方面，即以较低的费用、较短的时间完成高质量的项目。

（1）质量。质量是项目的生命。如果项目质量差，不仅会造成经济上的重大损失，而且会贻误子孙，祸及后世。项目的质量管理必须贯穿于全方位、全过程和全体人员中。"全方位"是指项目的每一部分，每个子项目、子活动，每一件具体工作，都保证质量，才能确保整个项目的质量。"全过程"是指从提出项目任务、可行性研究、决策、设计、订货、施工、调试，到试运转、投产等整个寿命周期，都要保证质量。"全员"指的是参加项目建设的每一个人，从最高领导者到普通员工，都要对本岗位的工作质量负责。

（2）费用。项目的费用包括直接费用和间接费用的总和。项目经理的一项重要工作是通过合理组织项目的实施，控制各项费用支出，使整个项目的各项费用支出之和不超过项目的预算。大型项目需要的资金巨大，在进行项目费用预算时应尽量全面。没有进行很好的预算或在项目实施过程中没有进行很好的费用控制所导致的资金缺位问题，通常会影响整个项目的按期完成，造成巨大损失。

（3）进度。项目的进度控制是项目管理的核心内容。项目的完工期限一旦确定下来，项目经理的任务就要以此为目标，通过控制各项活动的进度，确保整个项目按期完成。在进行项目的进度控制时，项目经理需要采用网络计划技术，进行科学管理。

不同的项目具有具体的各种目标，但质量、费用和进度对所有项目都很重要，但在不同的情况下，在不同的项目阶段和子系统中，目标会有所侧重，项目的质量、进度和费用常常会发生冲突，在处理这三者的关系时，要以质量为中心，通过科学的计划统筹，实现三大目标之间的优化组合。

3. 项目组织

项目组织与其他组织一样，要有好的领导、人员配备、规章制度、沟通方式和激励机制等。但项目组织也有与其他组织不同的特点。例如，由于项目的临时性，项目组织具有生命周期，要经历建立、发展和解散的过程；项目要获得成功，必须具有灵活的组织形式和用人机制，即实行柔性管理。

4. 项目环境

这里的项目环境指项目所处的外部环境，包括政治环境、经济环境、自然环境、社会环境和技术环境等。在一定条件下，外部环境的某些方面对项目会产生重大的甚至决定性的影响。例如，举世瞩目的英吉利海峡隧道，投资达 100 亿英镑，是 20 世纪的一项巨型工程。从拿破仑时代起近 200 年来，这个项目的起伏至少有 26 次，主要原因是英国方面担心来自欧洲大陆国家的入侵。直到 20 世纪 80 年代，时任英国首相撒切尔夫人和法国总统密特朗的推动下，才促成了这个项目的实施。一些评论家认为，是否建造英吉利海峡隧道的决策始终不是取决于科学技术方面，而是取决于围绕这个计划的政治和经济环境，这是一个典型的例子。

8.2 项目时间管理

在项目管理中，时间是最重要的约束之一。一个项目不能在合同期内完成，会引起客户不满意，增加项目成本和减少利润，甚至受到相应的惩罚。在项目的进行过程中，进度问题是发生最为普遍、最为突出的问题，时间管理就是保证整个项目在计划的时间成功实施的重要工作。但是，究竟怎样做才能确保项目按计划完成，甚至在不影响项目质量的前提下将整个工期提前，这是本节将要讨论的问题。

8.2.1 项目时间管理的概念

项目时间管理，又称项目进度管理或项目工期管理，是指在项目的实施过程中，为了确保项目能在规定的时间内实现既定的目标，对项目各阶段的进展程度和项目最终完成的期限所进行的管理过程。对项目开展时间管理就是要在规定的时间内，制订出合理、经济的进度计划，然后在该计划的执行过程中，检查实际进度是否与计划进度相一致。如果存在偏差，就应及时找出原因，采取必要的补救措施。有时为了保证项目按时完成，还要对原计划进行调整。

项目时间管理是项目管理的重要组成部分之一，它与项目质量管理、项目成本管理并称为项目管理的"三大管理"。项目时间、成本和质量三个之间具有对立统一的关系。正常情况下，加快项目实施进度就要增加项目投资，但项目提前完成又可能提高投资效益；严格控制质量标准可能会影响项目实施进度，增加项目投资，但严格的质量控制又可避免返工，从而防止项目进度计划的拖延和投资浪费。可见，这三个目标是相互关联、相互制约的。因此，项目时间管理、项目质量管理和项目成本管理对项目而言，是相互协调、相辅相成的。

8.2.2 项目时间管理的内容

项目时间管理一般可概括为五个主要内容，包括项目活动分解、活动排序、活动时间估计、制订进度计划和进度计划控制。

1. 项目活动分解

项目一般是由很多复杂任务组成，因此，在进行项目计划前首先要对项目涉及的所有任务活动进行分解，将所有活动列成一个明确的活动清单，并且让项目团队的每位成员能够清楚有多少工作需要处理。工作分解结构（WBS）就是把一个项目，按一定的原则分解，项目分解成任务，任务再分解成一项项工作，再把一项项工作分配到每个人的日常活动中，直到分解不下去为止。主要把所有的重要工作任务都包含在工作分解之中，否则就会发生项目延迟。例如，有一个项目是向顾客直接送货的效率，其中一个重要的活动是"修建仓库"，而这一活动有需要分解成许多与建筑有关的工作任务，如灌注地基、铺设电线等，这些工作任务可能会花费大量的时间，从而影响项目的完工日期。

项目活动分解的一个主要成果是项目活动清单。对于一些小型项目来说，得到一份完整的项目活动清单相对容易，一般通过项目团队成员采用"头脑风暴法"进行集思广益就可以生成。但对于较大的、复杂的项目可能难以获得符合要求的项目活动清单，这种情况下需要采用以下的工具和技术。

（1）活动分解技术。项目活动分解技术是为了项目更易管理，以项目 WBS 为基础，按照一定的层次结构把项目工作逐渐分解为更小的、更易于操作的工作单元。这种方法是将项目工作分解中给出的项目工作包逐个进行更细的分解，然后定义项目活动的方法。实质上就是项目工作分解方法的延伸。

（2）模板法，又称分解平台法，是利用已经完成的类似项目的活动清单或者部分活动清单作为一个新项目活动定义的模板，然后根据新项目的制约因素、假设条件、项目要求，通过在模板上增删项目活动，从而定义出一个新项目的方法。这种方法的优点是简单快捷且具有较高的结构化水平，缺点是原模板的限制或缺陷会影响项目活动的定义使之不够精确。因此，在选用模板时一定要尽量接近现阶段的活动。

（3）专家评审法，即具有经验的专家对项目活动进行定义的方法。通过访谈相关权威，集思广益从而不断改良方案并最终得到项目活动清单。这些方法虽然也经常会使用，但多见于一些对精度要求不是很高的小项目，带有一定的主观性，可靠性不及前两种方法。

2. 项目活动排序

在项目活动分解完成之后，项目时间管理就进入到了下一个步骤：活动排序。项目活动排序就是根据项目活动间的依存关系，使用项目活动清单和项目范围描述以及制约因素和假设条件等依据，通过反复优化来编制出项目活动顺序的项目时间管理工作。活动的排序工作可以利用项目管理软件，也可以手工进行，还可以手工和软件相结合。

确定了项目活动的某种依赖关系后，就需要运用一定的工具和方法来描述项目活动的顺序，支持这项工作的主要工具就是网络计划技术。网络计划技术属于运筹学的分支，是 20 世纪 50 年代后期首先在美国产生并发展起来的一种应用于组织大型项目或生产计划安排的科学的计划管理方法，我们将在本章第 3 节专门讲述网络计划技术。

3. 项目活动时间估计

项目活动时间估计是对完成项目的各种活动所需要的时间进行估计。对项目的时间进行估计，首先需要分别估计项目各个活动所需要的时间，然后根据项目活动的排序来确定整个项目所需要的时间。项目活动时间的估计是项目计划制定的一项重要工作基础，直接关系到网络时间参数的计算和完成整个项目所需的总时间。项目的活动时间估算过短，会使项目组织处于被动紧张的状态；项目的活动时间估算过长，则会延迟项目完工时间，可能因此失去潜在的获利机会。因此，项目活动时间估计非常重要，一般应当由最熟悉具体活动内容和性质的个人或集体来完成和审核。

项目活动时间估计既要考虑活动的实际工作时间，也要考虑间歇时间。例如，在建设一条公路时，铺沥青的时间为 10 天，等待沥青干的时间为 2 天。因此，估算该项目铺沥青这一活动的时间为 12 天。

要对活动时间进行精确估算是不容易的，进行项目时间估计的方法有以下两种：

（1）经验法。对于项目管理人员来说，项目中的有些活动可能和以往所参加的项目类似，借助以往的经验，可以对现在项目的历时进行计算。但是，这种方法一般是估算的活动在任务、人员和资源配置等方面与之相似，遇到不相似的情况，就要进行适当修正，包括时间和地域上的修正。

（2）历史数据法。在很多行业都有有关历时估算相关数据和信息的保存，这些数据可以作为估算的基础，如：

$$每日完成量 = 定额工作量 \times 每天投入工时$$
$$工序时间 = 工序的实物工程量 / 每日完成量$$

（3）专家判断法。当项目涉及新技术领域或不熟悉的领域时，项目管理人员由于不具备专业技能，通常很难做出正确合理的时间估算，这就要借助项目管理专家的知识和经验，对项目活动的时间做出权威的估算。否则，估算结果很可能会不可靠且具有较大风险。

（4）德尔菲法。在专家意见难以获得时，德尔菲法是一种有效的替代估计方法。这是一种群体技术，集中利用一个群体的知识来获得一种估计。德尔菲法的过程是，首先对项目和要估算的活动进行介绍。其次让该群体中的每个人给出其所能得到的最好估计，其结果（第一轮）以列表和直方图的形式反馈给该群体。

在此基础上，给出的估计与平均值相差大的人各自讲述自己的理由，然后进行下一次推测，得到新的结果（第二轮）。最后让人们讨论后进行新的估计（第三轮）。在第三轮的结果基础上进行最后的调整，而得到的平均值就是德尔菲法估算得到的结果。当然，如果不满意的话，还可以继续下去。

（5）模拟法。模拟法是以一定的假设条件为前提对活动持续时间进行估计的方法，这种方法也可用来对整个项目的工期进行估计。常见的模拟法有蒙特卡罗模拟法、三点估计法等，其中，三点估计法相对比较简单。它假设活动的时间是一个连续的随机变量，服从 β 概率分布，并且涉及 3 个时间的估算：最乐观时间、最可能时间和最悲观时间。

①最乐观时间 A：顺利情况下完成活动所需要的最少时间。

②最可能时间 B：在正常情况下完成活动所需要的时间。

③最悲观时间 C：在最不顺利情况下完成活动所需要的时间。

项目活动时间是使用 3 个时间估算出的期望工期 E，用下面的公式计算：

$$E = (A + 4B + C)/6$$

【例 8 - 1】某一简单项目由 3 项活动 A、B、C 组成，三项活动顺序进行。活动 A、B、C 在正常情况下的工作时间分别是 15 天、20 天、30 天，在最有利的情况下所需要的时间为 10 天、15 天、20 天，在最不利的情况下其工作时间分别是 20 天、31 天、52 天，求该项目各活动和整个项目的最可能的完成时间？

解：活动 A 最有可能完成的时间 $= (10 + 4 \times 15 + 20)/6 = 15$ （天）

活动 B 最有可能完成的时间 $= (15 + 4 \times 20 + 31)/6 = 21$ （天）

活动 C 最有可能完成的时间 $= (20 + 4 \times 30 + 52)/6 = 32$ （天）

因此，该项目最可能完成的时间 $= (15 + 21 + 32) = 68$ （天）

4. 制订项目计划进度

经过项目活动定义、项目活动排序和项目活动时间估算获得相应的信息之后，经理人员就可以开展项目进度计划的分析、编制和安排工作了。

项目进度计划是在 WBS 的基础上，对项目活动进行一系列的时间安排，它要对项目活动进行排序，明确项目活动必须何时开始以及完成项目活动所需要的时间。制订项目进度计划的主要目的是建立一个现实的项目进度安排，并为监控项目的进展情况提供一个基础。

项目进度计划是项目专项计划中相当重要的计划之一，其编制过程需要反复地试算和综合平衡。项目进度计划一般要说明工作的计划完成时间和持续时间，同时尽可能地表达出每项工作所需人数等必要的信息。项目进度计划可以以提要的形式或者以详细描述的形式表示为表格或者图形，要求直观易懂。项目进度计划的表达形式可以采取甘特图法和关键路线法（关键路线法将在本章第 3 节中介绍）。

【例 8 - 2】某项目定于 2018 年 2 月 1 日开工，有 A、B、C、D、E、F、G、H、I 9 项活动构成，活动相关信息如表 8 - 1 所示，请绘出该项目的甘特图。

表 8 - 1　　　　　　　　　　某项目工作清单

编号	工作名称	工期（天）	需要人数	紧前工作	紧后工作
1	A	4	5	—	B、C
2	B	6	5	A	D
3	C	6	3	A	D
4	D	2	4	B、C	E、F
5	E	4	2	D	—
6	F	5	2	D	G
7	G	3	3	F	H
8	H	4	6	G	I
9	I	3	3	H	—

解： 根据项目的计划要求，绘制甘特图（见图 8 - 1）。

项目信息				2018 年 2 月																											
编号	工作	工期	人数	1	2	3	4	5	6	7	8	9	10	11	12	13	14	15	16	17	18	19	20	21	22	23	24	25	26	27	28
1	A	4	5	—	—	—	—																								
2	B	6	5					—	—	—	—	—	—																		
3	C	6	3					—	—	—	—	—	—																		
4	D	2	4											—	—																
5	E	4	2													—	—	—	—												
6	F	5	2													—	—	—	—	—											
7	G	3	3																		—	—	—								
8	H	4	6																					—	—	—	—				
9	I	3	3																									—	—	—	

图 8 - 1　某项目工作甘特图

5. 计划进度控制

在项目管理过程中，时常会出现实际进度与进度计划相偏离的情况。为了保证项目按时完成，必须对项目进度进行严格的监控，即及时、定期地将它与计划进度相比较，并采取有效的纠正措施。项目进度控制是对项目进度计划的实施与项目进度计划的变更所进行的管理工作。项目进度控制根据项目进度计划对项目的实际进展情况进行对比、分析和调整，从而确保项目目标的实现。项目进度控制的主要内容包括以下两个方面：

（1）确定项目进度是否发生了变化，如果发生了变化，找出变化的原因，如果这种变化超出了控制标准，就要采取措施予以纠正。

（2）对影响项目进度变化的因素进行控制，从而确保这种变化朝着有利于项目目标实现的方向发展。

有关项目进度控制方面的各类经验教训要形成文档归类，使之成为该项目后续阶段或者其他类似项目可以利用的数据库的资料来源。

8.3　网络计划技术

网络计划技术是指用于工程项目的计划与控制的一项管理技术。它的基本原理是：利用网络图表示一项计划任务的进度安排和各项活动之间的相互关系；在此基础上进行网络分析，计算网络时间，确定关键路线；利用时差，不断改进网络计划，求得工期、资源和成本的优化方案。网络计划技术主要适用于单件小批生产、新产品试制、设备维修、建筑工程等。其优点能缩短工期、降低成本、提高效益。

8.3.1　网络图的组成

网络图又叫统筹图，它是由箭线和节点组成的、用来表示工作流程的有向、有序网状图形，是计划任务及其组成部分相互关系的综合反映，是进行计划、管理和计算的基础。网络图是由活动、事项和路线三部分组成。

（1）活动（作业、工序）。指一项作业或一道工序。活动通常是用一条箭线"→"表示，箭线上方标明活动名称，下方标明该项活所需时间，箭尾表示该项活动的开始，箭头表示该项活动的结束，从箭尾到箭头则表示该项活动的作业时间。虚箭线表示一种虚活动，它是一种作业活动为零的活动，它不需要耗费资源，也不占用时间。其作用是表示活动之间的逻辑关系，便于人或计算机进行识别计算。

（2）事项（节点、网点、时点）。指一项活动的开始或结束那一瞬间，它不消耗资源和时间，一般用圆圈表示。在网络图中有始点事项、中间事项和终点事项之分，如图 8-2 所示。每个网络图必定有一个初始节点和和终节点，分别表示项目的开始和结束。介于始点事项和终点事项之间的事项称为中间事项，所有中间事项既表示前一项活动结束，又表示后一项活动的开始。

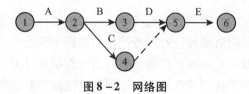

图 8-2　网络图

图中事项 1 为始点事项；事项 2，即表示 A 项活动的结束，又表示 B 和 C 项活动的开始；事项 6 为终点事项。

（3）路线。指从网络图的始点事项开始，顺着箭线方向连续不断地到达网络图的终点事项为止的一条通道。在一个网络图中可能有多条路线，如图1－2－3－5－6是一条路线，1－2－4－5－6也是一条路线。作业时间之和最长的那一条路线称为关键路线，关键路线可能有两条以上，但至少有一条。

8.3.2 网络图绘制规则

绘制网络图需要遵守下列规则：

（1）网络图是有向图，不能出现回路。

（2）活动与箭线必须一一对应，每项活动在网络图上只能用连接两节点的一条箭线表示。

（3）两个相邻节点间只能有一条箭线直接相连。平行活动可以引入虚线，以保证这一规则不被破坏（见图8－3）。

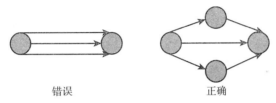

错误　　　　　　　　　　正确

图8－3　平行活动的画法

（4）箭线必须从一个节点开始，到另一个节点结束，不能从一条箭线终点引出其他箭线（见图8－4）。

（5）每个网络图必须也只能有一个始点事项和一个终点事项。不允许出现没有先行事项或没有后续事项的中间事项（见图8－5）。

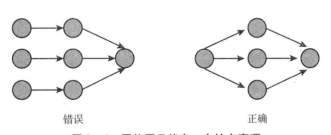

错误　　　　　　　　　　正确

图8－4　网络图只能有一个始点事项

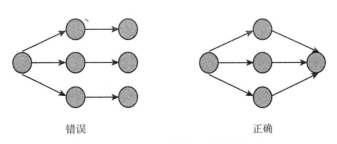

错误　　　　　　　　　　正确

图8－5　网络图只能有一个终点事项

8.3.3 网络时间的计算

网络的时间计算主要包括作业时间、节点时间和活动时间的计算，此外还需要考虑时差，并找出关键路线。

1. 作业时间计算

作业时间是指完成某一项工作或一道工序所需要的时间。确定作业时间的方法一般有 5 种，本章第 2 节中已经介绍，这里不再重复。我们较多采用三点估计法进行估算，即：

$$作业时间\ T = (A + 4B + C)/6$$

①A 为最乐观时间：顺利情况下完成活动所需要的最少时间。

②B 为最可能时间：在正常情况下完成活动所需要的时间。

③C 为最悲观时间：在最不顺利情况下完成活动所需要的时间。

2. 节点时间的计算

节点本身不占用时间，它只表示某项活动应在某一时刻开始或结束。因此，节点时间有最早开始时间和最迟结束时间。

（1）节点最早开始时间是指从始点事项到该节点的最长路程的时间。用 $t_E(j)$ 表示节点 j 的最早时间，其数值记入"□"内，并标在网络图上。起点的最早开始时间为零，终点事项因无后续作业，它的最早开始时间也是它的结束时间。如果所讨论的节点前面只有一条箭线进入，则该节点的最早实现时间即该箭线所代表的活动的最早完工时间，或该箭线箭尾节点最早实现时间与其作业之和。如节点有多条箭线进入，则对每条箭线都做如上计算后，取其最大值作为该节点的最早实现时间，计算公式可归纳为：

$$t_E(j) = \max_{(i,j)\in I}\{t_E(i) + t(i,j)\}$$

其中，$t(i,j)$ 为活动 (i,j) 的作业时间；I 为构成项目的全部活动集合；$t_E(i)$ 为活动 (i,j) 的箭尾节点 I 的最早实现时间。

（2）节点最迟实现时间是指以本节点为结束的各项活动最迟必须完成的时间，若不完工将影响后续活动的按时开工，使整个项目不能按期完成。节点 I 的最迟实现时间用 $t_L(i)$ 表示，其数值记入"△"内，并标在网络图上。通常终点的最迟实现时间等于终点的最早实现时间，也就是整个项目的总工期，起点最迟实现时间为零。如果节点有一条箭线发出，该节点的最迟实现时间即该箭线所代表的活动的最迟开工时间，或该箭线箭头节点的实现时间减去其作业时间。

如果节点有多条箭头线发出，则对每条箭头线都做上述运算之后，去其中最小者作为该节点的最迟节点实现时间，计算公式可归纳为：

$$t_L(i) = \max_{(i,j) \in I}\{t_L(j) - t(i,j)\}$$

其中，$t(i,j)$ 为活动 (i,j) 的作业时间；I 为构成项目的全部活动集合；$t_L(j)$ 为活动 (i,j) 的箭头节点 J 的最迟实现时间。

3. 活动时间计算

活动时间包括：活动最早开工时间 $t_{ES}(i,j)$；活动最早完工时间 $t_{EF}(i,j)$；活动最迟开工时间 $t_{LS}(i,j)$；活动最迟完工时间 $t_{LF}(i,j)$。有了节点的时间参数，活动时间参数的计算就很简单了。工序时间的计算步骤如下：

（1）活动最早开工时间等于该工序的箭尾节点的最早实现时间，即：

$$t_{ES}(i,j) = t_E(i)$$

（2）活动最早完工时间等于该活动最早开工时间加上该活动的作业时间，即：

$$t_{EF}(i,j) = t_E(i) + t(i,j)$$
$$t_{EF}(i,j) = t_{ES}(i,j) + t(i,j)$$

（3）活动最迟完工时间等于该活动箭头节点最迟实现时间，即：

$$t_{LF}(i,j) = t_L(j)$$

（4）活动最迟开工时间等于该活动最迟完工时间减去该活动的作业时间，即：

$$t_{LS}(i,j) = t_{LF}(i,j) - t(i,j)$$
$$t_{LS}(i,j) = t_L(j) - t(i,j)$$

4. 时差与关键路线

（1）活动总时差。活动总时差是指在不影响整个项目总工期的条件下，某活动的最迟开工时间与最早开工时间的差。它表明该活动开工时间允许推迟的最大限度，也称"宽裕时间"。设活动 (i,j) 的总时差为 $S(i,j)$，则其计算公式为：

$$S(i,j) = t_{LS}(i,j) - t_{ES}(i,j)$$
$$S(i,j) = t_{LF}(i,j) - t_{EF}(i,j)$$

（2）活动单时差。指在不影响下一某工序最早工时间的前提下，该工序的完工期可能的机动时间，又称"自由富裕时间"。设活动 (i,j) 的单时差为 $r(i,j)$，则其计算公式为：

$$r(i,j) = t_{ES}(j,k) - t_{EF}(i,j)$$
$$r(i,j) = t_E(j) - t_{EF}(i,j)$$

其中，$t_{ES}(j,k)$ 表示紧后作业的最早开工时间。

（3）关键路线。在一个网络图中，总时差为零的活动称为关键活动；由关键活动组成的路线，称为关键路线，它是从网络图始点事项到达网络图终点事项时间最长的路线；关键路线上的关键活动时间之和称为总工期，它是完成该项目所必需的最少时间。要想压缩整个项目的工期，必须在关键路线上想办法，即压缩关键路线上的作业时间。

5. 网络时间的计算方法

在节点数不太多的时候，可以采取以下两种方法计算网络图上时间参数，具体计算过程中，两种方法可以结合运用。

（1）图上计算法。这种方法就是在网络图上直接计算，并把计算结果标在图上。

【例8-3】某项目定于2018年2月1日开工，有A、B、C、D、E、F、G、H、I 9项活动构成，活动相关信息如表8-2所示，该项目的网络图和网络参数如图8-6所示。

表8-2　　　　　　　　　　　　某项目活动相关信息表

编号	工作名称	工期（天）	紧前工作
1	A	4	—
2	B	5	A
3	C	6	A
4	D	2	B、C
5	E	8	C
6	F	5	D
7	G	3	D
8	H	4	E、G
9	I	3	F、H

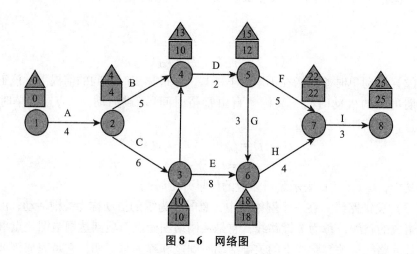

图8-6　网络图

（2）表格法。就是先制定一个表格，把各项活动的有关资料，如节点编号、作业时间等填入表格，然后在表上计算参数。如图 8 - 6 所示网络的表格制定以及表上计算结果如表 8 - 3 所示，关键路线为①→②→③→⑥→⑦→⑧。读者可自行进行验算。

表 8 - 3　　　　　　　　　　　　　表格法计算过程

活动		活动时间 $t(i, j)$	最早开工时间 $t_{ES}(i, j)$	最早完工时间 $t_{EF}(i, j)$	最迟开工时间 $t_{LS}(i, j)$	最迟完工时间 $t_{LF}(i, j)$	总时差 $S(i, j)$	单时差 $r(i, j)$	关键作业
i	j								
①→②		4	0	4	0	4	0	0	√
②→③		6	4	10	4	10	0	0	√
②→④		5	4	9	8	13	4	1	
③→④		0	10	10	13	13	3	0	
③→⑥		8	10	18	10	18	0	0	√
④→⑤		2	10	12	13	15	3	0	
⑤→⑥		3	12	15	15	18	3	3	
⑤→⑦		5	12	17	17	22	5	5	
⑥→⑦		4	18	22	18	22	0	0	√
⑦→⑧		3	22	25	22	25	0	0	√

如果网络图的规模很大且很复杂，用人工计算不仅费时还容易出错，这时就有必要用计算机进行计算。

8.3.4　网络计划优化

任何一个项目都要消耗多种不同资源，包括人力、物力和财力等。不同的资源既有可能相互联系或互为条件，也有可能相互矛盾。一个合理的计划应该通过综合协调，做到质量好、工期短、成本低、花费人力少。寻求合理计划的过程就是网络计划优化过程。下面从两个方面介绍网络计划的优化，即时间—资源优化和时间—费用优化。

1. 时间—资源优化

资源通常是限制项目进度的主要因素，在一定条件下，增加资源投入，可以加快项目进度，缩短工期；相反减少资源投入，则会延缓项目进度，延长工期。因此，制订网络计划时必须把时间进度与资源情况有效结合起来。时间—资源优化可以采取以下几种措施：

（1）找出关键路线，缩短关键活动时间。可以采用先进作业方法、改进工艺、改进装备、合理安排工作任务等方法缩短关键活动作业时间。

（2）平行和交叉作业。在作业方法或工艺流程允许的条件下，平行或交叉安排关键路线上的各项活动。合理调配工程技术人员或生产工人，尽量缩短各项活动的作业时间。

（3）利用时差合理调配资源。从非关键活动上抽调部分人力、物力，集中于关键活动，缩短关键活动时间。

【例8－4】某项目各项活动的作业时间及每天所需的人力资源信息如表8－4所示。

表8－4　　　　　各项活动的作业时间及每天所需的人力资源信息表

编号	工作名称	工期（天）	需要人数	紧前工作	紧后工作	关键路线
1	A	1	7	—	H	
2	B	3	4	—	F、G	
3	C	3	5		E	
4	D	4	5	—	I	√
5	E	2	6	A	I	
6	F	4	5	B	J	
7	G	3	4	B	K	
8	H	5	5	C	—	
9	I	5	3	D、E	K	√
10	J	6	4	F	—	
11	K	6	4	G、I	—	√

由于项目单位人力资源的限制，每天同时开展工作的人数不能超过17人。如果按各项活动的最早开工时间安排进度，则项目每天所需人数如表8－5所示。从表8－5可以看出，如按照活动的最早开工时间安排人数，则项目前期需要人数超过限制，而后期人数较为空闲，整个项目周期人力分配很不平衡。因此，为了满足人员限制和项目工期要求，需要调整各项活动的时间安排，使每天的使用人数尽量均匀。调整人员时应先保证关键活动人员需求量，再利用非关键路线上各项活动的总时差，调整非关键活动的开工时间。

由于项目后期所需人数较少，因此，可以对能够推迟的活动，适当推迟。经过多次调整，得到一个满足项目要求的，较为均衡的人力分配方案，调整后的项目进度及人员安排如表8－6所示。

表 8－5　　　　　　　　　　　优化前项目人员安排方案

活动	时间	每日安排人数														
		1	2	3	4	5	6	7	8	9	10	11	12	13	14	15
A	1	7														
B	3	4	4	4												
C	3	5	5	5												
D	4	5	5	5	5											
E	2		6	6												
F	4				5	5	5	5								
G	3				4	4	4									
H	5				5	5	5	5	5							
I	5					3	3	3	3	3						
J	6								4	4	4	4	4	4		
K	6										4	4	4	4	4	4
每日工人数		21	20	20	19	17	17	13	12	7	8	8	8	8	4	4

表 8－6　　　　　　　　　　　优化后项目人员安排方案

活动	时间	每日安排人数														
		1	2	3	4	5	6	7	8	9	10	11	12	13	14	15
A	1	7														
B	3		4	4	4											
C	3				5	5	5									
D	4	5	5	5	5											
E	2		6	6												
F	4						5	5	5	5						
G	3					4	4	4								
H	5											5	5	5	5	5
I	5					3	3	3	3	3						
J	6										4	4	4	4	4	4
K	6										4	4	4	4	4	4
每日工人数		12	15	15	14	12	17	12	13	13	13	13	13	13	13	13

　　以上事例说明了在保证项目完工时间不变的条件下，合理调配人员的方法，这种方法同样适用于有限的能源、材料和设备等资源的统筹安排问题。

2. 时间—费用优化

时间—费用优化就是根据计划规定的期限，规划最低成本；或根据最低成本的要求，寻求最佳工期。制订网络计划不仅要考虑工期和资源情况，还必须考虑成本，讲究经济效益。项目成本是由直接费用与间接费用两部分组成的。直接费用是指能够并宜于直接计入成本计算对象的费用，如直接生产工人工资、原材料费用以及机具费用等。间接费用是指不能或不宜直接计入而必须按一定标准分配于成本计算对象的费用，如企业管理费。工期越长，间接费用总额就越大，从而按一定标准分摊到单位产品中的间接费用也相应地增加。一般来说，缩短工期，就要增加直接费用的投入量，反之，减少直接费用的投入量，则工期就要延长。

图8-7表明了工期与直接费用的关系，这种关系在实际中也可以呈现曲线形式。图8-8表明了工期与间接费用的关系。

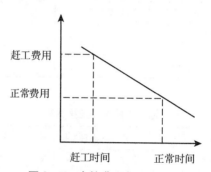

图8-7 直接费用与工期关系

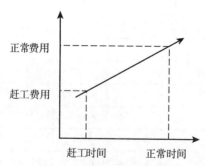

图8-8 间接费用与工期关系

网络计划时间—费用优化的基本步骤如下：

（1）按正常工期编制网络计划，并计算计划的工期和完成计划的直接费用。

（2）列出构成整个计划的各项工作在正常工期和最短工期时的直接费用，以及缩短单位时间所增加的费用，即单位时间费用变化率。

（3）根据费用最小原则，找出关键工作中单位时间费用变化率最小的工序首先予以压缩。这样使直接费用增加的最少。

（4）计算加快某关键工作后，计划的总工期和直接费用，并重新确定关键线路。

（5）重复（3）、（4）的内容，直到网络计划中关键线路上的工序都达到最短持续时间不能再压缩为止。

（6）根据以上计算结果可以得到一条直接费用曲线，如果间接费用曲线已知，叠加直接费用与间接费用曲线得到总费用曲线。

（7）总费用曲线上的最低点所对应的工期，就是整个项目的最优工期。

【例8-5】某网络计划，各工序直接费用与工作时间如表8-7所示。间接费用为每天110元，请计算该网络计划的最低成本工期。

表8-7 改进前各工序作业时间与费用表

工作	改进前活动	作业时间（天）		直接费用（元）		间接费用（元）
		正常时间	压缩后时间	正常费用	压缩后费用	
A	—	2	1	2 000	2 100	每天110
B	A	4	3	1 400	1 500	
C	A	4	3	800	950	
D	A	3	1	700	860	
E	B	5	4	1 200	1 400	
F	D	5	3	2 000	2 200	
G	D	4	2	800	900	
H	CEF	2	1	700	850	
I	CF	6	3	900	1 350	
J	G	1	0.5	950	1 150	

按照网络计划时间—费用优化步骤进行优化（具体优化过程省略，读者可自行演算）。本问题经过6次迭代计算，得到7个不同的方案，如表8-8所示。

表8-8 改进后各工序作业时间与费用表

步骤	改进措施	总工期（天）	直接费用（元）	间接费用（元）	总费用（元）
0	初始方案	16	11 450	1 760	13 210
1	D缩短2天	14	11 610	1 540	13 150
2	A缩短1天	13	11 710	1 430	13 140
3	F缩短1天	12	11 810	1 320	13 130
4	B缩短1天，F再缩短1天	11	12 010	1 210	13 220
5	H缩短1天，I缩短1天	10	12 310	1 100	13 410
6	E缩短1天，I再缩短1天	9	12 660	990	13 650

【习题】

1. 请根据表8－9绘制计划网络图。

表8－9 某项目工作清单

工序	紧前工序	工序	紧前工序
A	—	E	B
B	—	F	C
C	A, B	G	D, E
D	A, B		

2. 对习题1，给出其各工序的所需时间如表8－10所示。请计算出每个工序的最早开始时间，最晚开始时间，最早完成时间，最晚完成时间；找出关键工序；找出关键路线；并求出完成此工程项目所需最少时间。

表8－10 某项目各工序所需时间表

工序	所需时间（天）	工序	所需时间（天）
A	2	E	3
B	4	F	2
C	5	G	4
D	4		

3. 根据表8－11资料，

要求：

（1）绘制网络图。

（2）计算各工序的最早开工、最早完工、最迟开工、最迟完工时间及总时差并指出关键工序。

（3）若要求工程完工时间缩短2天，缩短哪些工序时间为宜。

表8－11 某项目工作清单

工序	紧前工序	工序时间（天）	工序	紧前工序	工序时间（天）
A	G, M	3	G	B, C	2
B	H	4	H	—	5
C	—	7	I	A, L	2
D	L	3	K	F, I	1
E	C	5	L	B, C	7
F	A, C	5	M	C	3

4. 根据表8－12资料，

表 8 – 12   **某项目工作清单**

工序	紧前工序	工序时间（天）	工序	紧前工序	工序时间（天）
A	—	3	F	C	8
B	A	4	G	C	4
C	A	5	H	D，E	2
D	B，C	7	I	G	3
E	B，C	7	K	J，H，I	2

要求：

（1）绘制网络图。

（2）计算各节点的最早时间与最迟时间。

（3）计算各工序的最早开工、最早完工、最迟开工及最迟完工时间。

（4）计算各工序的总时差。

（5）确定关键路线。

5. 已知图 8 – 9 的网络图及有关资料如表 8 – 13 所示。

表 8 – 13   **各项活动的作业时间及费用表**

工序	箭线 (i, j)	所需天数 t_{ij}	最早开工时间	最迟开工时间	总时差（天）	缩短 1d 所需的追加费用（万元）
A	(1，2)	4	0	5	1	5
B	(1，3)	8	0	8	0	4
E	(2，4)	5	4	12	3	4
D	(2，5)	3	4	8	1	2
F	(2，6)	7	4	12	1	7
	(3，5)	0	8	8	0	
C	(3，7)	6	8	15	1	3
	(4，6)	0	9	12	3	
G	(5，6)	4	8	12	0	3
H	(6，7)	3	12	15	0	6

要求：

（1）若工程完工时间缩短 1 天，缩短哪个工序的工序时间最好，并指出这种情况下的关键路线。

（2）再缩短 1 天（合计为 2 天），怎样缩短最好。其中各工序只能缩短 1 天。

应用运筹学

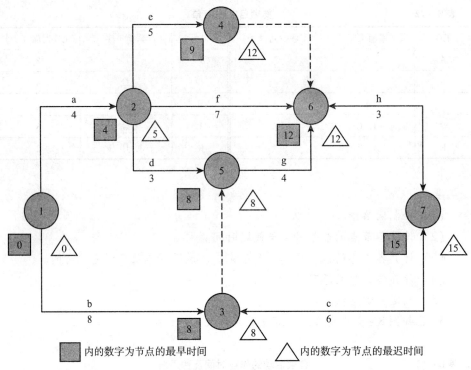

图 8 −9　网络图

　内的数字为节点的最早时间　　　内的数字为节点的最迟时间

· 146 ·

第9章 博 弈 论

【导入案例】

智猪博弈（boxed pigs）讲的是：猪圈里有两头猪，一头大猪，一头小猪。猪圈的一边有个踏板，每踩一下踏板，在远离踏板的猪圈的另一边的投食口就会落下少量的食物。如果有一只猪去踩踏板，另一只猪就有机会抢先吃到另一边落下的食物。当小猪踩动踏板时，大猪会在小猪跑到食槽之前刚好吃光所有的食物；若是大猪踩动了踏板，则还有机会在小猪吃完落下的食物之前，争吃到另一半残羹。

那么，两只猪各会采取什么策略呢？

答案是：小猪将选"搭便车"策略，也就是舒舒服服地等在食槽边；而大猪则为一点残羹不知疲倦地奔忙于踏板和食槽之间。

请问：原因何在？如果你是规则制定者，你会如何改变现状？

（资料来源：人大经济论坛博弈论版。）

9.1 博弈论概述

9.1.1 博弈论与经济学

博弈论又称为对策论，是研究决策者之间相互作用的学科。20 世纪 50 年代，美国著名数学家冯·诺依曼（John Von Neumann）和经济学家奥·摩根斯坦（Oscar Morgenstem）合著的《博弈论和经济行为》的出版，博弈论才得以广泛地应用于经济学领域，并成为微观经济学的一个新的重要组成部分。目前它已成为主要的经济分析工具之一，并对产业组织理论、委托代理理论、信息经济学等经济理论的发展起到了非常重要的作用。1994 年诺贝尔经济学奖颁发给了纳什、泽尔腾和海萨尼三位在博弈论研究中成绩卓著的经济学家，1996 年的诺贝尔经济学奖又授予在博弈论的应用方面有着重大成就的经济学家，可见博弈论在现代经济学中的重要地位。

博弈论是研究在利益相互影响的局势中，理性的参与者为了最大化自己的利益，如何选择各自的策略以及这种策略的均衡问题。即研究当一个参与者的选择受到其他参与者的影响，而且反过来又影响到其他参与者的选择时的决策问题和均衡问题。

人们决策之间相互影响的例子很多，如国家之间的关系、中央和地方的关系、政府和企业的关系等，涉及政治、军事、外交、经济、国际关系等各个领域。但是，博弈论在经济学上的应用最广泛、最成功。博弈论的许多成果也是在应用于经济学的过程中发展起来的。而且，经济学和博弈论的研究模式也一样，即强调个人理性，在给定的约束条件下追求效用最大化。博弈论在经济学中的应用模型大多数是在 20 世纪 70 年代中期以后发展起来的。从 20 世纪 80 年代开始，博弈论逐渐构成微观经济学的基础。其中，博弈论在分析寡头市场上最为成功。关于博弈论与经济学的关系，我们可以简单地从以下几个方面加以论述：博弈论为经济学的研究提供了重要的思想方法和工具。现代经济博弈论在承认各经济实体利益的基础上，更加侧重研究经济主体的行为特征，以求能够协调他们的利益，同时也更加侧重研究经济主体（参与者）的行为方案（策略）与其利益得失（支付函数）的关系，从而使经济理论和建模技术能真实地反映经济系统的本质。其作用主要体现在以下三个方面：

（1）从经济学的研究对象来看，现代的观点认为，经济学是研究资源配置过程中的经济主体行为，即研究理性人行为的学科。所谓理性人是指在面临给定的约束条件下，力图以最小的经济代价去追逐和获取最大的经济利益或效用。理性人在追求自身利益最大化时，需要相互合作，而合作中又存在着冲突，为了实现合作的潜在利益和有效地解决合作中的冲突问题，理性人发明了各种各样的制度以规范他们的行为。而博弈论中的合作理论和非合作理论为解决合作与冲突问题提供了思想方法和重要工具。

（2）在现实的经济生活中，买卖双方的人数常常是有限的，在有限人数的条件下，市场不可能是完全竞争的。在不完全竞争市场下，人们之间的行为是相互影响的，所以一个人在决策时必须考虑对方的反应，这正是博弈论要研究的行为相互影响问题。

（3）现实中市场参与者之间的信息一般是不对称的。俗语说，"买的没有卖的精"，卖者对产品质量的了解通常比买者多。当参与人之间存在信息不对称时，任何一种有效的制度安排都必须满足"激励相容"约束。进一步，不完全信息使得价格制度常常不是实现合作和解决冲突的最有效安排，非价格制度也许更为有效，而非价格制度最显著的特征是参与人行为之间的相互作用，而博弈论恰恰为其研究提供了有效的工具。

博弈论与经济学二者有着密切联系，二者相互影响、相互促进。经济学和博弈论的研究模式是一样的，都强调个人理性，即追求既定条件下效用的最大化。一方面，博弈论在经济学领域中应用很广泛、很成功，有力地推动了经济学的不断发展。另一方面，博弈论的许多成果也是借助于经济学的例子来发展引申的。经济学家对博弈论的贡献也越来越大，特别是在动态分析和不完全信息引入博弈之后。总之，博弈论理性人的假设及模型的建立为经济学的研究提供了有利的工具。从而也推动了经济发展和社会进步。由于它重视经济主体之间的相互联系及其辩证关系，大大拓宽了传统经济学的分析思路，使其更加接近现实市场竞争，从而成为现代微观经济学的重要基石，也为现代宏观经济学提供了更加坚实的微观基础。

9.1.2 博弈的基本概念

博弈论（game theory）亦称对策论、游戏论，是研究具有竞争现象的数学理论和方法。博弈论的发展历史并不长，但由于它所研究的现象与人们的政治、经济、军事活动乃至日常的生活都有着密切的关系，所以日益引起人们的广泛关注。具有竞争或对抗性质的行为称为对策行为。在对策行为中，竞争或对抗的各方各自具有不同的目标和利益，为达到自己的目标和利益，各方必须考虑对方可能采取的各种行动方案并力图选取对自己最有利或最为合理的方案。博弈论就是研究对策行为中竞争各方是否存在着最合理的行动方案，以及如何寻找这个合理的行动方案的数学理论和方法。

对策行为大量存在，如日常生活中的下棋、打牌；政治生活中的选举策略、外交策略；国家之间贸易的倾销与反倾销；管理生活中的谈判策略、价格策略、广告策略等，数不胜数。对策论中的对策行为具有广泛的内涵，许多表面不具有对抗性质的行为，完全可能转换为深层次上的对抗行为，如在制订产品生产计划过程中，如果将管理者看成对抗的一方，那么未来市场需求量便可看成为对抗的另一方，从而构成对抗行为。

在我国历史上，有很多非常成功的对策实践活动，"田忌赛马"就是一个典型的例子。这个故事告诉我们，巧妙地运用策略是多么的重要。在实力、条件一定的情况下，对己方力量和有利条件的巧妙调度和运用常常会起到意想不到的效果。从"田忌赛马"例子中，我们可以看出构成对策模型需要三个基本要素，即局中人、策略和益损值。

1. 局中人

博弈的参与者又称博弈方或局中人。参与者可能是自然人，也可能是各种社会组织，如企业、政府、国家，甚至由某些国家组成的联合国等。参与者的划分标准是看他们是否统一决策、统一行动、统一承担结果等，即通常将利益一致的参与者共同作为一个参与者，而不是看数量的多少或规模的大小。如在桥牌游戏中，虽然有 4 个人参加，但由于东与西、南与北是联盟关系，有着完全一致的目的，东与西只能看成为一个局中人，南与北也只能看成为一个局中人，所以系统中的局中人有两个。在"田忌赛马"的例子中也有两个局中人，一个是齐威王，一个是田忌。实际上，局中人的数目不一定是两个，也可以是多个，如有 10 个城市争夺某届奥运会的主办权，这时局中人的数目就是 10。一般地，记局中人

为 i，$N = \{1, 2, \cdots, n\}$ 即有 n 个局中人。

在对策中总是假定每一个局中人都是理智的，是聪明的决策者或者竞争者。即对任一局中人来讲，不存在利用其他局中人决策的失误，来扩大自身利益的可能性。

2. 策略

我们把可供局中人选择对付其他局中人的行动方案称为一个策略，把一个局中人拥有的策略全体称之为该局中人的策略集。记局中人 i 的策略为 s_i，S_i 为局中人 i 的策略集，则 $s_i \in S_i$。

一般地，每一个局中人的策略集都应至少包括两个策略。例如，在"田忌赛马"的例子中，田忌上、中、下三匹马出赛的次序就是一个策略，田忌的策略集里有6个策略：（上、中、下）、（上、下、中）、（中、上、下）、（中、下、上）、（下、上、中）、（下、中、上），这六个策略的全体就是田忌的策略集。同样齐威王的策略集里也有这样的6个策略。

3. 局势对策的益损值

各局中人使用一定的策略时就形成了一个局势，一个局势就决定了各局中人的对策的结果，也称为对策的益损值。如在田忌赛马中，如果齐威王使用（上、中、下）的对策，而田忌使用（中、下、上）对策。这样就形成了一个局势，在这个局势中，齐威王赢了第一、第二局，输了第三局比赛，这样齐威王二胜一负，得一千金，齐威王在这一局势的益损值为一千金。同样，我们可以计算出田忌的益损位为负一千金。我们可以把齐威王和田忌在各个局势中的益损值都计算出来，列在表9-1中。

表9-1　　　　　　　　　　齐威王各策略赢得表　　　　　　　　　单位：千金

齐威王策略	田忌策略					
	b_1（上中下）	b_2（上下中）	b_3（中上下）	b_4（中下上）	b_5（下中上）	b_6（下上中）
a_1（上中下）	3	1	1	1	1	-1
a_2（上下中）	1	3	1	1	-1	1
a_3（中上下）	1	-1	3	1	1	1
a_4（中下上）	-1	1	1	3	1	1
a_5（下中上）	1	1	-1	1	3	1
a_6（下上中）	1	1	1	-1	1	3

表9-1是齐威王的赢得表，也是田忌的支付表。局中人甲方齐威王的策略集为 $s_1 = \{a_1, a_2, a_3, a_4, a_5, a_6\}$，局中人乙方田忌的策略集为 $s_2 = \{b_1, b_2,$

b_3，b_4，b_5，b_6}。

我们把表 9-1 中的数值矩阵称为局中人甲方齐威王的赢得矩阵，同时也是田忌的支付矩阵。当这三个基本要素确定后，一个对策模型也就确定了。

$$A = \begin{bmatrix} 3 & 1 & 1 & 1 & 1 & -1 \\ 1 & 3 & 1 & 1 & -1 & 1 \\ 1 & -1 & 3 & 1 & 1 & 1 \\ -1 & 1 & 1 & 3 & 1 & 1 \\ 1 & 1 & -1 & 1 & 3 & 1 \\ 1 & 1 & 1 & -1 & 1 & 3 \end{bmatrix}$$

9.2 矩阵博弈的最优纯策略

在很多博弈模型中，占有重要地位的是二人有限零和博弈。所谓二人有限零和博弈就是指有两个局中人，每个局中人的策略集的策略数目都是有限的，每一局势的对策都有确定的益损值，并且同一局势的两个局中人的益损值之和为零。二人有限零和博弈也称为矩阵对策。

9.2.1 案例：稗斯麦海的海空对抗

1943 年 2 月，第二次世界大战中的日本在太平洋战区已处于明显的劣势。为扭转战局，日军统帅山本五十六统率下的一支舰队策划了一次军事行动：由集结地——南太平洋新不列颠群岛的拉包尔出发，穿过稗斯麦海，开往新几内亚的莱城，支援困守在那里的日军。当盟军获悉此情报后，盟军统帅麦克阿瑟即命令他麾下的太平洋战区空军司令肯尼将军组织空中打击。山本五十六心里很明白：在日本舰队穿过稗斯麦海的 3 天航程中，不可能躲开盟军的打击，他要谋划的是尽可能减少损失。日美双方的指挥官及参谋人员都进行了冷静与全面的谋划。自然条件对于双方来说都是已知的。基本情况是：从拉包尔到莱城的海上航线有南线与北线两条。通过时间均为 3 天。气象预报表明：未来 3 天中，北线阴雨，能见度差；而南线则天气晴好，能见度佳。

肯尼将军的轰炸机布置在南线的机场，侦察机全天候进行侦察飞行，但有一定的搜索半径限制。

经测算，双方均可得出以下估计：

局势 1：盟军侦察机重点搜索北线，日本舰队也恰好走北线。由于气候恶劣，能见度低以及轰炸机群在南线，因而盟军只能实施两天的有效轰炸。

局势 2：盟军侦察机重点搜索北线，而日本舰队走南线。由于发现晚，尽管盟军轰炸机群在南线，但有效轰炸也只有两天。

局势 3：盟军侦察机重点搜索南线，而日本舰队走北线。由于发现晚，盟军轰炸机群在南线以及北线天气恶劣，故有效轰炸只能实施 1 天。

局势 4：盟军侦察机重点搜索南线，日本舰队也恰好走南线。此时，日舰队被迅速发现，盟军轰炸机群所需航程很短，加之天气晴好，这将使盟军空军在 3 天中皆可实施有效轰炸。这场海空遭遇与对抗战一定会发生。

双方的统帅如何决策呢？

历史的实际情况是：局势 1 成为现实。即肯尼将军命令盟军侦察机重点搜索北线；而山本五十六命令日本舰队取道北线航行。盟军飞机在 1 天后发现了日本舰队，基地在南线的盟军轰炸机群远程飞行，在恶劣的天气中，实施两天的有效轰炸，重创了日本舰队，但未能全歼。

9.2.2　二人零和博弈及纯策略解

我们来分析一下上述的这个对抗案例。为叙述的方便，首先给出几个名词：局中人（player）：有权决定自己行为方案的对局参加者称为局中人。此案例中，美日双方决策者为局中人。当对局的局中人只有二人时，称为二人对策。策略（strategy）：对局中一个实际可行的方案称为一个策略，本例中，美日双方各有两个策略。支付与支付函数（pay off and pay off function）：当每个局中人在确定所采取的策略后，他们就会获得相应的收益或损失，此收益或损失的值称为支付。支付与策略间的对应称为支付函数。此例中，肯尼将军与山本五十六的支付函数均可用矩阵来表示，它们分别是：A 和 B。

$$\text{盟军}\begin{array}{c}\text{日军}\\\text{北线 南线}\\\begin{array}{c}\text{北线}\\\text{南线}\end{array}\begin{pmatrix}2 & 2\\1 & 3\end{pmatrix}=A\end{array}$$

$$\text{盟军}\begin{array}{c}\text{日军}\\\text{北线 南线}\\\begin{array}{c}\text{北线}\\\text{南线}\end{array}\begin{pmatrix}-2 & -2\\-1 & -3\end{pmatrix}=B\end{array}$$

由上述矩阵可知：本例中的每一个对局，双方支付的代数和为零，且策略数有限，故称之为"二人有限零和博弈"。在上述矩阵中，一个对策（对局）中，包含三个要素：局中人、策略和支付。

我们分析一下二人零和博弈模型的求解。此例中，局中人 1（盟军）希望获得支付（赢得轰炸天数）尽可能多，从矩阵 A 中可以看出盟军最大轰炸天数为 3，此时的策略为南线，由于假定局中人 2（日军）也是理智的，他考虑到盟军打算采用南线策略，于是准备用北线来对付局中人 1（盟军），这样反而使得盟军轰炸天数变为 1（最少的情况）。因此，盟军参谋部或肯尼将军（局中人 1）在作选择时，首先要考虑：选择策略时至少能赢得多少，然后从中选取最有利的策略。具体来说：先对支付矩阵 A 各行求极小（至少赢得），然后，再对由各行极小组成的集合中取极大（争取最佳）。于是有：

$$\mathrm{maxmin}\{a_{ij}\} = \max\{2，1\} = 2$$

对于日本参谋部或山本五十六（局中人 2），在选定策略时，因居于被动地位，故首先考虑在对方每个策略中最多损失多少，在此前提下争取损失最小。

具体来说：对同一支付矩阵 A 各列求极大（最多损失），然后，再对各列极小组成的集合中取小（争取最佳）于是有：

$$\mathrm{minmax}\{a_{ij}\} = \min\{2，3\} = 2$$

在此例中，恰有：

$$\mathrm{maxmin}\{a_{ij}\} = \mathrm{minmax}\{a_{ij}\}$$

这就是实际对局结果。

上述求解蕴含的思想是朴素自然的，可以概括为"从最坏处着想，去争取最好的结果"，这是理性思考的表现。

我们将这种考虑用一般化的语言来叙述。在二人有限零和博弈中，如果甲、乙双方的策略集分别为：

$$P_1 = \{x_1，x_2，\cdots，x_m\}$$
$$P_2 = \{y_1，y_2，\cdots，y_m\}$$

乙方的支付矩阵为：

$$A = (a_{ij})_{n \times m}$$

如果下述等式成立：

$$\mathrm{maxmin}\{a_{ij}\} = \mathrm{minmax}\{a_{ij}\}$$

则将上式成立的 a_{ij} 记作 $a_{i^n j^m}$；$x_i^n y_j^m$ 分别称为局中人甲、乙的最优策略；$(x_i^n，y_j^m)$ 称为此对策的解。$a_{i^n j^m}$ 称为此对策的值。

满足式 $\mathrm{maxmin}\{a_{ij}\} = \mathrm{minmax}\{a_{ij}\}$ 的 $(i^n，j^m)$ 称为支付矩阵的鞍点（saddle point）。

本案例为有鞍点的对策问题。要注意并非所有支付矩阵都有鞍点。

我们称满足如下条件的策略为纯策略：①两个局中人；②策略集为有限集；③每个策略只需一步即可完成。可见，本案例即属纯策略求解。

John Von Neumann 证明了矩阵对策中纯策略解与鞍点之间的等价性，这就是著名的 Von Neumann 定理。

（Von Neumann 定理）：矩阵对策有纯策略解的充分必要条件是其支付矩阵中有鞍点。

当矩阵对策模型确定后，各局中人面临的问题就是采取何种策略才能使自己得益最多（或损失最少）。下面通过例子来分析如何求解各局中人的最优纯策略。

【例 9 - 1】现假定甲乙双方进行博弈，$G = \{S_1，S_2；A\}$。已知甲的赢得矩阵：

$$A = \begin{bmatrix} 2 & 2 & 1 \\ 3 & 4 & 4 \\ 2 & 1 & 6 \end{bmatrix}$$

试求出双方的最优纯策略和对策值 V_G。

解： 由 A 可以看出，局中人甲的最大赢得是 6。要想得到这个赢得，他就应该选择策略 a_3。由于假定局中人乙也是理智的，他考虑到局中人甲打算出 a_3 的心理，于是准备用 β_2 来对付甲，这样使得局中人甲只能得到 1。局中人甲当然也会猜到局中人乙的这一心理，故想出用 a_2 来对付乙，这样乙反而失掉 4 等所以，双方都不想冒险，都不存在侥幸心理，而是考虑到对方必然会设法使自己的所得最少这一点，就应该从各自可能出现的最不利的情形中选择一种最为有利的情形作为决策的依据，这就是所谓"理智行为"，也是对策双方实际上都能接受的一种稳妥的方法。

在〖例 9–1〗中，局中人甲的 a_1，a_2，a_3 三种策略可能带来的最少赢得（矩阵 A 中每行的最小元素）分别为：1，3，1。在这些最少赢得（最不利的情形）中最好的结果（最有利的情形）是赢得 3。因此，局中人甲只要采取 a_2 策略，无论局中人乙采取什么样的策略，都能保证局中人甲的赢得都不会少于 3，而出其他两种任何策略，其收入都有可能少于 3。同理，对局中人乙来说，策略 β_1，β_2，β_3 可能带来的最少赢得或者最大损失（矩阵 A 中每列的最大元素）分别为：3，4，6。在这些最不利的结果中最好的结果（输得最少）也是 3，这时局中人乙采取 β_1 策略，不管局中人甲采取什么样的策略，他的赢得都不会超过 3（即局中人乙的损失不会超过 3）。这样可知局中人甲应该采取 a_2 策略，局中人乙应该采取 β_1 策略，这时甲的赢得值和乙的损失值都是 3，我们把 a_2，β_1 分别称为局中人甲、乙的最优纯策略。这种最优纯策略只有当赢得矩阵 $A = (a_{ij})$ 中等式 $\max_i \min_j a_{ij} = \min_j \max_i a_{ij} = a_{i^*j^*}$ 成立时，局中人甲、乙双方才有最优纯策略，并把 (a_2, β_1) 称为对策 G 在纯策略下的解，又称 (a_2, β_1) 为对策 G 的鞍点。记 $V_G = a_{i^*j^*}$，则称 V_G 为对策 G 的值。

由此可知，在矩阵对策中两个局中人都采取最优纯策略（如果最优纯策略存在）才是理智的行为。

【例 9–2】 某单位后勤部门的采购员在秋季要计划冬季采暖用煤的储存，冬季用煤量在较暖、正常和较冷情况下分别为：10 吨、15 吨和 20 吨。设冬季煤价也因寒冷程度而变。在上述三种情况下分别为 10 元/吨、15 元/吨和 20 元/吨，现假设秋季煤价为 10 元/吨，冬季的气候状况未知，问秋季合理的贮煤量是多少？

解： 我们可将这一问题看成是一个对策问题。局中人甲为采购员，局中人乙为冬季的气候。采购员有三种策略即秋季买进 10 吨、15 吨或 20 吨贮存起来，分别记为 a_1，a_2，a_3；冬季的气候也有三种策略即较暖、正常与较冷，分别记为 β_1，β_2，β_3。

现在把该单位冬季取暖用煤实际费用（为秋季购煤费用和冬季不够时再补购

的费用总和），作为局中人甲也即采购员的赢得，通过计算可得到其赢得矩阵
如下：

$$
\begin{array}{cccc}
 & \beta_1（较暖） & \beta_2（正常） & \beta_3（较冷） & （行最小） \\
a_1(10\text{吨}) & \begin{bmatrix} -100 & -175 & -300 \end{bmatrix} & & & -300 \\
a_2(15\text{吨}) & \begin{bmatrix} -150 & -150 & -250 \end{bmatrix} & & & -250 \\
a_3(20\text{吨}) & \begin{bmatrix} -200 & -200 & -200 \end{bmatrix} & & & -200 \\
（列最大） & -100 & -150 & -200
\end{array}
$$

可见：

$$\max_i \min_j a_{ij} = \min_j \max_i a_{ij} = a_{33} = -200$$

故该对策问题的解为 (a_3, β_3)，即秋季贮煤 20 吨是最稳妥的，所花费用为
200 元。

从〖例 9 – 2〗中可以看出，赢得矩阵的元素 a_{33} 既是其所在行的最小元素，
又是其所在列的最大元素，即：

$$a_{i3} \leqslant a_{33} \leqslant a_{3j}(i = 1, 2, 3, j = 1, 2, 3)$$

将此结论推广到一般矩阵对策，可得到如下定理。

定理 1 矩阵对策 $G = \{S_1, S_2; A\}$ 在纯策略意义下有解的充要条件是存在
纯局势 (a_i, β_j)，使得对一切 $i = 1, 2, \cdots, m, j = 1, 2, \cdots, n$，均有：

$$a_{ij*} \leqslant a_{i*j*} \leqslant a_{i*j}$$

〖例 9 – 3〗 设有一矩阵对策 $G = \{S_1, S_2; A\}$，其中，$s_1 = \{a_1, a_2, a_3, a_4\}$，$s_2 = \{\beta_1, \beta_2, \beta_3, \beta_4\}$ 及

$$
A = \begin{bmatrix}
7 & 5 & 8 & 5 \\
2 & 4 & 2 & -1 \\
9 & 5 & 7 & 5 \\
0 & 2 & 6 & 2
\end{bmatrix}
$$

试求对策 G 的解。

解：直接对上述赢得矩阵 A 进行计算，如下所示：

$$
A = \begin{bmatrix}
7 & 5 & 8 & 5 \\
2 & 4 & 2 & -1 \\
9 & 5 & 7 & 5 \\
0 & 2 & 6 & 2
\end{bmatrix}
\begin{array}{l}
\text{min} \\
5^* \\
-1 \\
5^* \\
0
\end{array}
$$

$$\text{max} \quad 9 \quad 5^* \quad 8 \quad 5^*$$

可得：

$$\max_i \min_j a_{ij} = \min_j \max_i a_{ij} = a_{i''j''} = 5$$

其中，$i = 1, 3, j = 2, 4$。

因此，(a_1, β_2)、(a_3, β_2)、(a_1, β_4) 和 (a_3, β_4) 四个局势都是对策 G
的解；这四个解的对策值相同，即 $V_G = 5$。

从〖例 9 – 3〗可以看出，有些矩阵对策的解可以不是非唯一的，但对策值

总是唯一的。

一般地，矩阵对策具有以下性质：

无差别性：设 (a_{i_1}, β_{j_1}) 与 (a_{i_2}, β_{j_2}) 是对策 G 的两个解，则 $a_{i_1 j_1} = a_{i_2 j_2}$。

可交换性：设 (a_{i_1}, β_{j_1}) 与 (a_{i_2}, β_{j_2}) 是对策 G 的两个解，则 (a_{i_1}, β_{j_2}) 与 (a_{i_2}, β_{j_1}) 也是 G 的解。

这两条性质表明，矩阵对策的值是唯一的，即当局中人甲采用构成解的最优纯策略时，能保证它的赢得 V_G 不依赖于对方的纯策略。

9.3　矩阵博弈的混合策略

9.3.1　再谈"田忌赛马"

在第一讲中，已对著书的田忌赛马的历史故事作了分析。齐王要与大臣田忌赛马。双方各出上、中、下马各一匹，对局三次，每次胜负 1 000 金。田忌在他的好友、著名军事谋略家孙膑的指导下，对局安排如表 9 - 2 所示。

表 9 - 2　田忌策略表

齐王	上	中	下
田忌	下	上	中

最终净胜一局，赢得 1 000 金。得到这个结局有一个基本前提：作为皇帝的齐王傲慢无知，在皇帝总优先的思想驱动下，将自己的赛马出场顺序过早暴露，使得孙膑和田忌可以后发制人，以牺牲小局（下马），换取大局的胜利。

设想如果情况不是这样，即赛前彼此都保密，则双方都要承担一定的风险。由于整体实力上的差异，用概率论的方法不难算出：田忌战胜齐王的概率仅为 1/6。在这种情况下，这场比赛就不属于纯策略的对策问题了，或者说，进入了矩阵对策的混合策略解的范畴。

9.3.2　混合策略

在对局双方都不知对方将采取何种策略时，就都要冒一定的风险。混合策略研究的就是这一类问题。

混合策略与鞍点对策的根本区别在于：对于一个二人零和博弈来说，如果支付矩阵有鞍点，则对局的结果谁胜谁负均以局中人双方的意志为转移。胜方只要按 max – min（或 min – max）来选定自己的策略，负方怎样选择也改变不了失败的结局。因此，在这种对局中，双方对于自己将要选用的纯策略无须保密。但在混合策略中，由于不存在鞍点，即不存在对局双方达到平衡的局势，因此，必须对自己拟选取的策略加以保密，所以，不存在纯策略最优的问题。

【例 9 – 4】设有一个二人零和博弈，支付矩阵为：

$$A = \begin{pmatrix} 0 & 2 \\ 3 & 1 \end{pmatrix}$$

可知，这是一个无鞍点对策。

设甲方选取策略 x_1 与 x_2 的概率分别为 p 和 $1-p\,(0 \leqslant p \leqslant 1)$。当乙方选取策略 y_1 时，则乙方支付的期望值为：

$$S = 0 \times p + 3 \times (1-p) = 3 - 3p$$

甲方为使自己的收入（赢得）期望值非负，则应有：

$$3 - 3p \geqslant 0, \quad 即\ p \leqslant 1。$$

另外，乙方为使甲方捉摸不定，也对策略 y_1，y_2 的选择设定概率值，分别为 q 与 $1-q$，因而，乙方的支出 S 就成为一个随机变量。

由于甲、乙双方对于策略的选择是相互独立的，所以有以下概率等式：

$$P(S = a_{11} = 0) = pq$$
$$P(S = a_{12} = 2) = p(1-q)$$
$$P(S = a_{21} = 3) = (1-p)q$$
$$P(S = a_{22} = 3) = (1-p)(1-q)$$

这就是 S 的分布函数，若记 S 的数学期望为 E，则有：

$$E = pq \times 0 + p(1-q) \times 2 + (1-p)q \times 3 + (1-p)(1-q) \times 1$$
$$= \frac{3}{2} - 4\left(\frac{1}{2} - p\right) \times \left(\frac{1}{4} - q\right)$$

可知，甲方希望 E 越大越好，而乙方则希望 E 越小越好。而且甲方的期望收入可以不低于 $\frac{3}{2}$，因为他可以用选取 $p = \frac{1}{2}$ 来实现；同时，甲方的期望收入也不会高于 $\frac{3}{2}$，因为乙方会按概率 $q = \frac{1}{4}$ 选取策略 y_1 来控制甲方，使甲方的期望收入不多于 $\frac{3}{2}$。

同样的讨论方法施与乙方，可知：乙方的期望支出不会大于 $\frac{3}{2}$，也不会低于 $\frac{3}{2}$。

因此，此例中甲、乙双方都能接受的策略是：

$$X^* = \left(\frac{1}{2}, \ \frac{1}{2}\right) \quad Y^* = \left(\frac{1}{4}, \ \frac{3}{4}\right)$$

我们称这个甲、乙双方都能接受的策略为最优混合策略，(X^*, Y^*) 称为最优混合局势，对策结果的 E 值 $\left(这里是\dfrac{3}{2}\right)$ 称为对策的值。

由〖例9-4〗所知，我们不难给出混合策略的一般提法：若给定一个矩阵对策 $G=$ 乙的纯策略集，它们对应的概率向量分别为：

$$X=\{x_1,\ x_2,\ \cdots,\ x_m\},\ x_i\geqslant0,\ i=1,\ 2,\ \cdots,\ m\ 且\ \sum_{i=1}^{m}x_i=1$$

$$Y=\{y_1,\ y_2,\ \cdots,\ y_m\},\ y_j\geqslant0,\ j=1,\ 2,\ \cdots,\ n\ 且\ \sum_{j=1}^{m}y_j=1$$

$A=(a_{ij})_{m\times n}$ 为支付矩阵。

$(X,\ Y)$ 称为混合局势。

X，Y 分别称为局中人甲、乙的混合策略。

$E(X,\ Y)=\sum_{i=1}^{m}\sum_{j=1}^{n}a_{ij}x_iy_j$ 为局中人甲的支付值。

面对一个混合策略，它一定有解吗？下面的定理给出了回答。

定理2 任意一个矩阵对策 $G=\{S_1,\ S_2,\ A\}$。

其中，$S_1=\{\alpha_1,\ \alpha_2,\ \cdots,\ \alpha_m\}$；$S=\{\beta_1,\ \beta_2,\ \cdots,\ \beta_m\}$，为局中人甲、局中人乙的纯策略集；$A=(a_{ij})_{m\times n}$ 为支付矩阵，一定有解（在混合策略意义下）。且如果 G 的值是 V，则以下两组不等式的解，是局中人甲、局中人乙的最优策略：

$$\begin{cases}\sum_{i=1}^{m}a_{ij}x_i\geqslant V,\ j=1,\ 2,\ \cdots,\ n\\ \sum_{i=1}^{m}x_i=1,\ 且\ x_i\geqslant0,\ i=1,\ 2,\ \cdots,\ m\end{cases}$$

$$\begin{cases}\sum_{j=1}^{n}a_{ij}y_j\leqslant V,\ i=1,\ 2,\ \cdots,\ m\\ \sum_{j=1}^{n}y_j=1,\ 且\ y_j\geqslant0,\ j=1,\ 2,\ \cdots,\ n\end{cases}$$

此定理的证明这里不再列出，可参阅有关教材。但其含义可由对〖例9-4〗的分析过程得到理解。

9.3.3 混合策略的解法

求解混合策略问题的具体解法主要有三种：图解法、简化计算法、线性规划法。

1. 图解法

【例9-5】设某对策的支付矩阵是：

$$A=\begin{pmatrix}5 & 35\\ 20 & 10\end{pmatrix}$$

求：此对策的解与值。

解：这个对策没有鞍点，因此，无纯策略形式的解。根据前面的讨论，我们知道这个对策问题应有混合策略形式的解。

作混合扩充：$S_1^+ = \{x, 1, -x\}$，$S_2^+ = \{y, 1, -y\}$，对局中人甲而言，若局中人乙选取 β_1，β_2 则甲支付的期望值分别为：

$$V = 5x + 20(1-x) = 20 - 15x$$
$$V = 35x + 10(1-x) = 25x + 10$$

在直角坐标系中分别画出，$V = 25x + 10$，和 $V = 20 - 15x$，其中，$0 \leq x \leq 1$ 这两条直线段。折线点 E、D、F 表示的是 $Z = \min\{25x + 10, 20 - 15x\}$，自然甲方希望选取这样的 x，使得收入期望值尽可能大。因此，应取作为折线的最大值点 D。此点所对应的 Z 值最大。

局中人甲用"最大最小"原则选取自己的策略，即在对自己最不利的条件下选择最好的方案：

$$\max = \left[\min_{0 \leq x \leq 1} (20 - 15x, 10 + 25x) \right]$$

由图 9 - 1 可以看出 $\min_{0 \leq x \leq 1} (20 - 15x, 10 + 25x)$ 就是折线 E、D、F、D 点为所求的极值点，求得 D 点坐标为：$D\left(\dfrac{1}{4}, 16\dfrac{1}{4}\right)$，即 $x = \dfrac{1}{4}$，$V = 16\dfrac{1}{4}$。

所以甲的最优混合策略为：$x^* = \left(\dfrac{1}{4}, \dfrac{3}{4}\right)$。

同理，对局中人乙而言，它应选择如何使自己尽可能地减少损失。

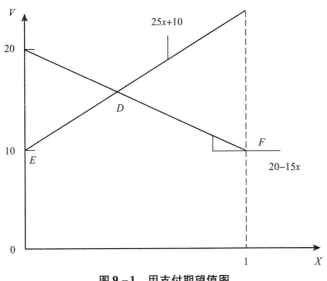

图 9 - 1　甲支付期望值图

在图 9 - 2 中两条直线段 $V = 35 - 30y$，和 $V = 10 + 10y$ 构成折线点，表示的是：

$$Z = \max\{35x - 30y, 10 + 10y\}$$

$$V = 5y + 35(1 - y) = 35 - 30y$$
$$V = 20y + 10(1 - y) = 10 + 10y$$

图形如图 9 - 2 所示。最小、最大点为：$G\left(\dfrac{5}{8}, 16\dfrac{1}{4}\right)$，即：

$$y = \frac{5}{8}, \quad V = 16\frac{1}{4}$$

因此，乙的最优解为：$Y^* = \left(\dfrac{5}{8}, \dfrac{3}{8}\right)$，对策值为：$V = 16\dfrac{1}{4}$。

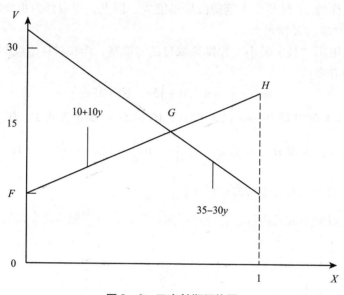

图 9 - 2 乙支付期望值图

2. 简化计算法

某些情况下，混合策略中的矩阵 A 有某种可化简结构，则可在求解计算中得到简化。主要理论依据为如下的定理及推论。

定理 3 若矩阵对策 $G_1 = \{S_1, S_2, A_1 = (a_{ij})_{m \times n}\}$，$G_2 = \{S_1, S_2, A_2 = (a_{ij} + d)_{m \times n}\}$，其中，$d$ 为常数，则 G_1 与 G_2 具有相同的解，且对策值相差常数 d，即 $V_{G_2} = V_{G_1} + d$。

推论 若矩阵对策 $G_1 = \{S_1, S_2, A_1 = (a_{ij})_{m \times n}\}$，$G_2 = \{S_1, S_2, A_2 = (Ka_{ij})_{m \times n}\}$

其中，$K > 0$ 为常数，则 G_1 与 G_2 同解，且 $V_{G_2} = KV_{G_1}$。

【例 9 - 6】 已知某矩阵对策 G 的支付矩阵如下：

$$A = \begin{pmatrix} 3\,600 & 1\,200 \\ 1\,200 & 1\,800 \end{pmatrix}$$

求它的解和值。

解： 由于取 $K = \dfrac{1}{600}$，则可得同解矩阵：

$$A_1 = \begin{pmatrix} 6 & 2 \\ 2 & 3 \end{pmatrix}$$

再由上面的定理，再取 $d = 2$，则进一步简化为：

$$A_2 = \begin{pmatrix} 4 & 0 \\ 0 & 1 \end{pmatrix}$$

用图解法很容易求出：

$$X_2^* = \left(\frac{1}{5},\ \frac{4}{5} \right),\quad Y_2^* = \left(\frac{1}{5},\ \frac{4}{5} \right),\quad V_{G_2} = \frac{4}{5}$$

则有：

$$V_G = 600 \times (V_{G_2} + 2) = 600 \times \left(\frac{4}{5} + 2 \right) = 1\,680$$

3. 线性规划法

对于一般的矩阵对策求解问题可以采用线性规划的方法求解。

【例 9 - 7】 在前面我们讨论了在齐王确定策略情况下的博弈情况，那么在齐王输一次之后，他可能会改变自己的出马顺序来应对田忌，也就是说齐王和田忌双方都无法获知对方的出马顺序的情况下，双方应该如何来应对？

下面我们来求田忌赛马的最优策略，已知齐王的赢的矩阵：

$$A = \begin{bmatrix} 3 & 1 & 1 & 1 & 1 & -1 \\ 1 & 3 & 1 & 1 & -1 & 1 \\ 1 & -1 & 3 & 1 & 1 & 1 \\ -1 & 1 & 1 & 3 & 1 & 1 \\ 1 & 1 & -1 & 1 & 3 & 1 \\ 1 & 1 & 1 & -1 & 1 & 3 \end{bmatrix}$$

求得：$\max\min\{a_{ij}\} = -1$，$\min\max\{a_{ij}\} = 3$。

可知：$\max\min\{a_{ij}\} \neq \min\max\{a_{ij}\}$。

所以，此问题不存在最优纯策略解。我们可求其混合策略，因为 A 中有负元素，我们可以取 $K = 2$，即在 A 的每个元素上加上 2，得 A'：

$$A' = \begin{bmatrix} 5 & 3 & 3 & 3 & 3 & 1 \\ 3 & 5 & 3 & 3 & 1 & 3 \\ 3 & 1 & 5 & 3 & 3 & 3 \\ 1 & 3 & 3 & 5 & 3 & 3 \\ 3 & 3 & 1 & 3 & 5 & 3 \\ 3 & 3 & 3 & 1 & 3 & 5 \end{bmatrix}$$

我们建立对 $G' = \{ S_1,\ S_2,\ A' \}$ 的求解齐王最优策略的线性规划模型如下：

$$\min Z = x_1 + x_2 + x_3 + x_4 + x_5 + x_6$$

$$\text{s. t.}\begin{cases} 5x_1 + 3x_2 + 3x_3 + x_4 + 3x_5 + 3x_6 \geq 1 \\ 3x_1 + 5x_2 + x_3 + 3x_4 + 3x_5 + 3x_6 \geq 1 \\ 3x_1 + 3x_2 + 5x_3 + 3x_4 + 3x_5 + x_6 \geq 1 \\ 3x_1 + 3x_2 + 3x_3 + 5x_4 + x_5 + 3x_6 \geq 1 \\ x_1 + 3x_2 + 3x_3 + 3x_4 + 5x_5 + 3x_6 \geq 1 \\ 3x_1 + x_2 + 3x_3 + 3x_4 + 3x_5 + 5x_6 \geq 1 \\ x_i \geq 0 \end{cases}$$

用软件，我们可以求得此线性规划问题的解为：

$$x_1 = x_4 = x_5 = 0$$

$$x_2 = x_3 = x_6 = \frac{1}{9}$$

$$V' = \frac{1}{x_1 + x_2 + x_3 + x_4 + x_5 + x_6} = 3$$

所以：

$$x_1{}' = x_4{}' = x_5{}' = 0 \times 3 = 0$$

$$x_2{}' = x_3{}' = x_6{}' = \frac{1}{9} \times 3 = \frac{1}{3}$$

$$X'^* = \left(0, \ \frac{1}{3}, \ \frac{1}{3}, \ 0, \ 0, \ \frac{1}{3}\right)^T$$

由此可知，齐王的最佳混合策略为 a_2、a_3、a_6 的概率均为 1/3，而 a_1、a_4、a_5 的概率均为 0，此时 $V' = 3$。

请注意，上述线性规划的解不唯一，例如，$x_1 = x_2 = x_3 = x_4 = x_5 = x_6 = \frac{1}{18}$ 也是其中一个解，对应可求得：

$$x_1{}' = x_2{}' = x_3{}' = x_4{}' = x_5{}' = x_6{}' = \frac{1}{18} \times 3 = \frac{1}{6}$$

齐王的最佳混合策略为 a_1、a_2、a_3、a_4、a_5、a_6 的概率均为 1/6，此时 $V' = 3$。

提示：如果出现 $V < 0$ 的情况，可以采用简化计算法进行换算加上一个足够大的正数 M，保证 $V > 0$。

9.4 完全信息静态博弈举例

在博弈论中有一个非常重要的概念，即首先由纳什提出，后来被人们称为纳什均衡。纳什均衡是现代博弈论中的核心内容和重要基础，许多理论研究和应用都是围绕这一基本概念展开或与此密切相关的。纳什均衡的思想很简单，博弈的理性结局是这样一种策略组合，其中一个博弈方均不能因为单方面改变自己的策略而获利，即博弈方选择的策略都是对其他博弈方所选策略的最佳反应。假设有

n 个人参与博弈, 在给定其他人策略的条件下, 每个人选择自己的最优策略（个人最优策略可能依赖于也可能不依赖于其他人的策略）, 所有参与人选择的策略一起构成一个策略组合。纳什均衡指的是这样一种策略组合, 这种策略组合由所有人的最优策略组成, 也就是说, 在给定别人策略的情况下, 没有任何单个参与人有积极性选择其他策略, 从而没有任何人有积极性打破这种均衡。

著名的囚徒困境就是一个典型的完全信息静态博弈问题。

【例 9 - 8】囚徒困境

有一个富人在家中被谋杀, 财产同时被盗, 警方在侦讯过程中抓到甲和乙两名嫌疑犯。并在他们家中搜出了被盗的财物, 但甲乙都否认杀人, 声称他们进入被害人家中时那个人已经死去, 所以警方肯定他们至少犯下盗窃罪, 但对他们是否杀死被害人并没有把握。于是警方在把他们隔离的情况下分别对他们表示: 偷东西已经有确凿证据, 这将被判刑两年; 如果拒不承认杀人而被另一方检举, 将被判刑 20 年, 而检举的一方可以受到奖励并被无罪释放; 如果双方都坦白杀人, 将各被判刑 10 年。这样, 甲乙两名嫌疑犯可能面临的判刑如表 9 - 3 所示。

表 9 - 3 嫌疑犯可能面临的判刑表

甲	乙	
	承认杀人	不承认杀人
承认杀人	-10, -10	0, -20
不承认杀人	-20, 0	-2, -2

那么, 这两名嫌疑犯该怎么办呢? 是承认杀人还是不承认杀人?

最后的结果是甲、乙都会承认杀人。因为对一方来说, 不管对方承不承认, 自己承认总比不承认好。如果对方不承认, 自己承认, 相比不承认相当于从判刑 2 年改为无罪释放; 如果对方承认, 自己承认相比不承认相当于从判刑 20 年减到了 10 年。这样, 对甲乙双方来说, 最佳的选择都是承认杀人。因此, 承认杀人是囚徒困境问题的纳什均衡。这个结果与他们是否真的杀了人无关。即使他们没有杀人, 也会承认杀人。由于特定的选择条件, 本来对双方最有利的结局（都不承认杀人, 各被判刑 2 年）不会出现, 出现的是对双方都不利的结果, 这就是所谓的囚徒困境。

在囚徒困境中, 双方都承认杀人是个稳定的结果, 因为任何一方一旦单独离开这个选择, 只会使自己的处境变得更坏。在多次重复的情况下, 双方可能通过吸取教训改变策略（都不承认杀人）, 使双方都受益。然而这又是一个比较脆弱的均衡, 因为任何一方一旦突然改变策略, 承认杀人的话, 又可以立刻增加收益。但这种利益也不会长久, 到下一次, 对方必然也承认杀人, 从而回到最初对双方都不利的情况。所以, 除非双方都能着眼于长远利益, 并克服侥幸的心理, 他们才可能走出困境。

相类似的对策情形也时常出现在经济问题中。例如，两家小公司各自控制着自己独立的目标市场，只要他们互不侵犯，各自均能获得比较满意的利润。但是，如果一家公司入侵对方的领地，而对方没有采取扩张的策略，那么，入侵的公司将增加利润，而没有扩张的公司将被吃掉。如果两家公司同时采取扩张的策略，那么，两家公司虽然都可以保全，但利润均有所下降。如果这两家公司没有合作，理性的选择就只有扩张，很显然，如果这两家公司进行合作，最佳的选择自然应该是各自保持自己的领地。

9.5　完全信息动态博弈举例

【例9-9】 市场进入阻挠博弈：一种市场上存在一个垄断企业 A，另一个企业 B 希望进入。这一市场的垄断者为了保持自己的地位需要对进入者进行阻挠。在这种博弈中，进入者企业 B 有两种策略可以选择：进入或者不进入；垄断者企业 A 也有两种策略：容忍或反击。他们的支付函数如图9-3所示。

假设 B 进入，A 只能选择容忍，因为可以得到收益1，而反击后可能得到一1。假设 A 选择反击的话，B 只能选择不进入，因为进入损失大些。因此，B 选择不进入、A 选择反击和 B 选择不进入、A 选择容忍，两种情况都是纳什均衡解，都能达到均衡。

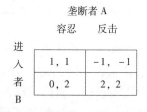

图9-3　市场进入阻挠博弈支付矩阵

但在实际中，"B 选择不进入、A 选择反击"这种情况是不会出现的。因为 B 知道如果他进入，A 只能容忍。所以不会发生这种情况。或者说，A 选择反击行动是不可置信的威胁。博弈论的术语中，称"B 选择进入、A 选择容忍"为精炼纳什均衡。只有当参与人的战略在每一个子对策中都构成纳什均衡，那么，这个纳什均衡才称为精炼纳什均衡。

如果 A 下定决心一定要反击，即使自己暂时损失。这时威胁就变成可置信的，B 就会选择不进入，"B 选择不进入、A 选择反击"就成为精炼纳什均衡。

类似的例子还很多。例如，设想一个农村姑娘爱上一个小伙子，但是她父亲坚决不同意，并威胁说，如果女儿不与小伙子断绝恋爱关系，他就与女儿断绝父女关系。如果女儿相信父亲的话，她大概会中断与恋人的关系，因为恋人是可以重新选择的，而父亲则无法重新选择。问题是，假使女儿真的与恋人结婚了，父亲难道真的会选择断绝父女关系吗？

一般来说是不会的，因为断绝父女关系对父亲的损害会更大，这就是说，父亲的威胁是不可置信的。大胆聪明的女儿当然明白这一点。她知道，一旦生米煮成了熟饭，父亲只好吃下去。结果是女儿会勇敢地恋爱下去直到结婚，父亲最终承认那个他当初并不喜欢的女婿。

那么，怎样的威胁才能真正吓退进入者呢？

不可置信的威胁引出在信息经济学中一个很重要的概念——"承诺行动"。承诺行动是当事人使自己的威胁策略变得可置信的行动。一种威胁在什么时候才是可置信的？答案是，只有当事人在不施行这种威胁时，就会遭受更大的损失的时候。所以说，承诺行动意味着当事人要为自己的"失信"付出成本，尽管这种成本并不一定真的发生。但承诺行动会给当事人带来很大的好处，因为它会改变均衡的结果。

例如，在市场进入博弈中，如果在位者通过某种承诺行动使自己的"斗争"威胁变得可置信，进入者就不敢进入，在位者就可以获得 100% 的垄断利润，而不是 60% 的寡头利润。承诺行动的成本越高，威胁就越值得置信。有时候，承诺所规定的结局代价，十分痛苦，而正是因为这承诺，才改变了事态的发展，避免了痛苦的结局。我们来看下面的例子。

承诺行动在军事博弈中有广泛应用。如两军对阵抢占一个小岛，红军可从岛北通过一座桥抢占该岛，白军可以从岛南抢占该岛。假使红军抢先一步占领了小岛，白军要不要进攻呢？红军若一上岛就派工兵将桥炸掉，自绝后路，表示出决一死战的劲头，白军大概就不会再去争夺了。这里，炸掉小桥是红军的一种承诺行动，它使得红军决一死战的威胁变得可信了。

我国的成语"破釜沉舟"讲的就是这个意思。项羽与秦兵交战，率全部兵马渡河后，命令士兵把锅都打破，把船都弄沉，激励士兵拼死作战，不打胜仗决不生还，这就是一种承诺行动。"背水一战"也是同样的道理。

同样的，在《三国演义》中曹操与袁绍的仓亭之战中，曹操召集将领来献上破袁之计，程昱献了十面埋伏之计。他让曹操退军河上，诱袁军前来追击，到那时"我军无退路，必将死战，可胜绍矣"。曹操采纳此计，令许褚诱袁军至河上，曹军无退路，操大呼曰："前无去路，诸军何不死战！"众军回头奋力反击，袁军大败。严格地讲，袁绍的追击是不理性的，如果他预期到曹军将无退路，他就不应该追击。

【习题】

1. 求解矩阵对策 $G_1 = \{S_1, S_2, A\}$ 最优策略及对策的值，赢得矩阵如下：

$$A = \begin{bmatrix} -1 & 3 & -1 & 0 \\ -2 & -1 & 0 & 2 \end{bmatrix}$$

2. 一个农民打算种植粮食、蔬菜和水果三类作物。在降雨量偏少、适中或偏多时，每种农作物获得的利润（万元）如下：

$$\begin{array}{c} 雨量 \\ \begin{array}{cccc} 作物 & 较少 & 适中 & 较多 \\ 蔬菜 & \left[\begin{matrix} 10 & 5 & 2 \\ \end{matrix}\right. \\ 粮食 & 8 & 9 & 11 \\ 水果 & \left. 4 & 7 & 12 \end{matrix}\right] \end{array} \end{array}$$

求该农民的最优策略。

3. 某小城市有两家超级市场相互竞争，超级市场 A 有三个广告策略，超级市场 B 也有三个广告策略。已经算出当双方采取不同的广告策略时，A 方所占市场份额增加的百分数如表 9-4 所示，把此对策问题表示成线性规划，并求解。

表 9-4　　　　　　　　不同广告策略市场份额表

策略		B		
		β_1	β_2	β_3
A	a_1	3	0	2
	a_2	0	2	0
	a_3	2	-1	4

4. 设 A、B 两家公司各控制某产品市场的 50%，现在两家公司面临着是否要做广告的战略选择。如果两家公司都不做广告，他们将继续平分市场份额，并分享相同的高利润；如果两家公司都做广告，他们也将平分市场份额，但广告费用开支将导致较低的利润；如果一家公司做广告，另一家公司不做广告，则做广告的公司将获得较大的市场份额和更高的利润。得益函数如表 9-5 所示，求：此问题的纳什均衡。

表 9-5　　　　　　　　广告战略对策表

		B 公司	
		不做广告	做广告
A 公司	不做广告	8, 8	2, 10
	做广告	10, 2	4, 4

5. 二指莫拉问题：甲、乙二人游戏，每人出一个或两个手指，同时又把猜测对方所出的指数叫出来，如果只有一人猜测正确，则他所应得的数目为二人所出指数之和，否则重新开始，写出该对策中各局中人的策略集合及甲的赢得矩阵，试问该问题存在最优纯策略吗？

6. 甲乙双方争夺 A 城，乙方用三个师守城，有两条公路通入 A 城；甲方用两个师攻城，可能各走一条公路，也可能从一条公路进攻。乙方可用三个师守一条公路，或者两个师守一条公路，第三个师守另一条公路。假设哪方的军队数量多，哪方就能控制该公路；若双方在同一条公路上的数量相同，则双方取胜的概率各占一半。试把这个问题构成对策模型，并求甲乙双方的最优策略以及甲方攻城的可能性。

7. 我们重新考虑田忌赛马的问题，假如齐王和田忌拥有马匹的情况仍如上所述：各有上、中、下三个等级的马，同等级的马中，田忌的马不如齐王的马。但如果田忌的马比齐王的马高一等级，则田忌的马能取胜。比赛规则发生变化，假如双方约定：第一局比赛，胜者可以从负者处赢得三千金；第二局比赛，胜者可以从负者处赢得两千金；第三局比赛，胜者可以从负者处赢得一千金，仍然比赛三局，这时齐王和田忌的最优比赛对策是什么？

第 10 章　运筹学的计算机求解

10.1　LINGO 软件概述

LINGO（Linear Interactive and General Optimizer），即"交互式的线性和通用优化求解器"。LINGO 是一种专门用于求解数学规划问题的软件包，是由美国芝加哥大学 LINGO（Linus Schrage）教授于 1980 年前后开发出来的。LINGO 主要用于求解线性规划、非线性规划、二次规划、动态规划和整数规划等问题，也可以用于求解一些线性和非线性方程组及代数方程求根等。LINGO 中包含了一种建模语言和大量的常用函数，可供使用者在建立数学规划问题的模型时调用。

LINGO 内置了一种建立最优化模型的语言，可以简便地表达大规模问题，利用 LINGO 高效的求解器可快速求解并分析结果。

当用户在 Windows 下开始运行 LINGO 系统时，会得到类似图 10-1 的一个窗口。外层是主框架窗口，包含了所有菜单命令和工具条，其他所有的窗口将被包含在主窗口之下。在主窗口内的标题为 LINGO Model - Lingo1 的窗口是 LINGO 的默认模型窗口，建立的模型都要在该窗口内编码实现。本教材采用的为 LINGO 11.0 版本。

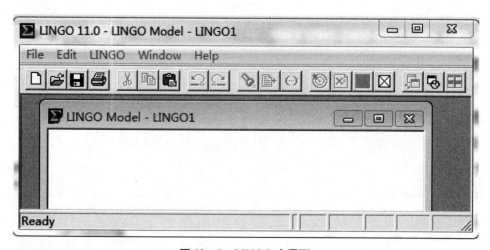

图 10-1　LINGO 主界面

10.2　线性规划模型的 LINGO 求解

10.2.1　用 LINGO 软件求解线性规划问题

线性规划的求解方法非常复杂，对于变量个数和约束方程个数稍多一些的线性规划问题用手工计算几乎是不可能的，而现代的线性规划问题的变量个数或约束方程个数可以达到几万个甚至几十万个，所以必须借助计算机来表达和求解。利用计算机软件包 LINGO 求解线性规划（LP）问题，可以免去大量烦琐的计算，使得原先只有专家学者和数学工作者才能掌握的运筹学中的线性规划模型成为广大管理工作者的一个有效、方便、常用的工具，从而有效地解决了管理和工程中的优化问题。

下面举例说明。

【例 10 - 1】某工厂在计划期内要安排I、Ⅱ两种产品的生产，已知生产单位产品所需的设备台时及 A、B 两种原材料的消耗、资源的限制，如表 10 - 1 所示，问：工厂应分别生产多少单位Ⅰ、Ⅱ产品才能使工厂获利最多？

表 10 - 1　　　　　　　　　产品生产情况表

	I	Ⅱ	资源限制
设备（台时）	1	1	300
原料 A（千克）	2	1	400
原料 B（千克）	0	1	250
单位产品获利（元）	50	100	

解：〚例 10 - 1〛的数学模型：

$$\max Z = 50x_1 + 100x_2$$

满足约束条件：

$$\text{s. t.} \begin{cases} x_1 + x_2 \leqslant 300 \\ 2x_1 + x_2 \leqslant 400 \\ x_2 \leqslant 250 \\ x_1 \geqslant 0, \ x_2 \geqslant 0 \end{cases}$$

在模型窗口中输入如下代码：

max $= 50^* x1 + 100^* x2$

$x1 + x2 < = 300$

$2^* x1 + x2 < = 400$

$x2 < =250$

单击工具条上的磁盘按钮或菜单中的保存命令就可以方便地对输入进行保存，类似地也可以方便地打开已保存的文件，这些和常用的其他软件没什么区别，使用非常方便。

系统会自动识别"min ="或"max ="以及后面的目标函数，目标函数或约束条件的每个表达式都可以跨多行，但结束要用";"来表示（要用英文输入模式下的半角模式";"，而非中文模式下的全角模式"；"，其他一些键盘中的符号也类似）。键盘上常用的"＋"、"－"、"＊"、"/"就是线性规划中的运算符，运算符的运算次序为从左到右按优先级高低来执行。运算的次序可以用圆括号"（）"来改变。线性规划中的"＝"仍是键盘上的"＝"表示，而常用的"≤"、"≥"则用"＜＝"和"＞＝"来表示。变量可以用字母和数字的混合字符串来表示，可以非常直观的命名变量。由于 LINGO 中已假设所有的变量都是非负的，所以非负约束下不必再输入到计算机中。

从 LINGO 菜单下选用 Solve 命令（或单击工具条上的按钮🌀）即可求解，一般在输入代码后，LINGO 会检查模型是否具有数学意义以及是否符合语法要求。如果模型不能通过这一步检查，会弹出一个"Lingo Error Message"窗口报告错误信息："Error code"或"Error Text"，根据提示修改错误，再重新 Solve，检查通过后，Lingo 开始正式求解，之后系统会弹出报告窗口（Reports Windows），如图 10 - 2 所示结果，同时还弹出一个"Solver Status"小窗口，报告一些问题及求解过程中的状况等，如图 10 - 3 所示。

"Objective value：27 500.00"表示最优目标值为 27 500，"Infeasibilities：0.000000"表示不可行性为 0，"Total solver iterations：2"表示 2 次迭代后得到全局最优解。"Variable"和"Value"给出此线性规划问题的变量和最优解中各变量的值：即生产 50 单位的产品 I 和 250 单位的产品 II。

```
Solution Report - LINGO1
Global optimal solution found.
Objective value:                    27500.00
Infeasibilities:                    0.000000
Total solver iterations:                  2

       Variable         Value      Reduced Cost
             X1      50.00000         0.000000
             X2      250.0000         0.000000

            Row   Slack or Surplus      Dual Price
              1      27500.00          1.000000
              2      0.000000          50.00000
              3      50.00000          0.000000
              4      0.000000          50.00000
```

图 10 - 2　报告窗口图

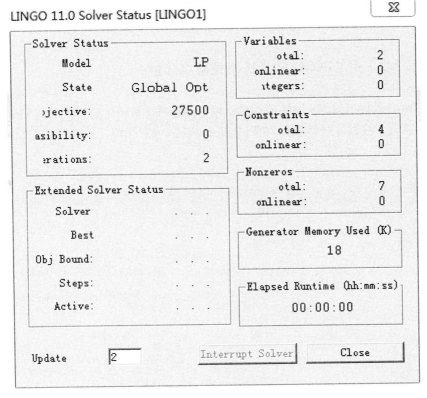

图 10-3　求解状态图

"Reduce Cost"列出最优单纯形表中各变量的检验数的绝对值，表示当变量有微小变动时，目标函数的变化率。其中，基变量的 reduce cost 值应该为 0，对于非基变量 x_j，相应的 reduce cost 值表示当某个非基变量 x_j 增加一个单位时，目标函数的减少量（max 型问题）。

"Slack or Surplus"给出松弛变量或剩余变量的值。

第 1 行松弛变量 = 27 500（模型第一行表示目标函数，所以第二行对应第一个约束）。

第 2 行松弛变量 = 0。

第 3 行松弛变量 = 50。

第 4 行松弛变量 = 0。

"Dual Price"表示对偶价格，即当对应约束有微小变动时，目标函数的变化率。输出结果中对应于每一个约束有一个对偶价格。若其数值为 p，表示对应约束中不等式右端项；若增加一个单位，目标函数将增加 p 个单位（max 型问题）。显然，如果在最优解处约束正好取等号（也就是"紧约束"，也称有效约束或起作用约束），对偶价格值才有可能不是 0。本例中第 2、4 行是紧约束，对应的对偶价格为 50，表示当紧约束 $2x_1 + x_2 \leq 400$ 变为 $2x_1 + x_2 \leq 401$ 时，目标函数值 = 27 500 + 50 = 27 550。对第 4 行也类似。

对于非紧约束（如本例中第 3 行是非紧约束），Dual Price 的值为 0，表示对应约束中不等式右端项的微小扰动不影响目标函数。

10.2.2 用 LINGO 软件进行灵敏度分析

LINGO 软件可以非常方便地对线性规划问题进行灵敏度分析。对〖例 10 - 1〗求解完成后，我们可以单击 LINGO | Range（Ctrl + R）菜单，灵敏度分析的结果如图 10 - 4 所示。

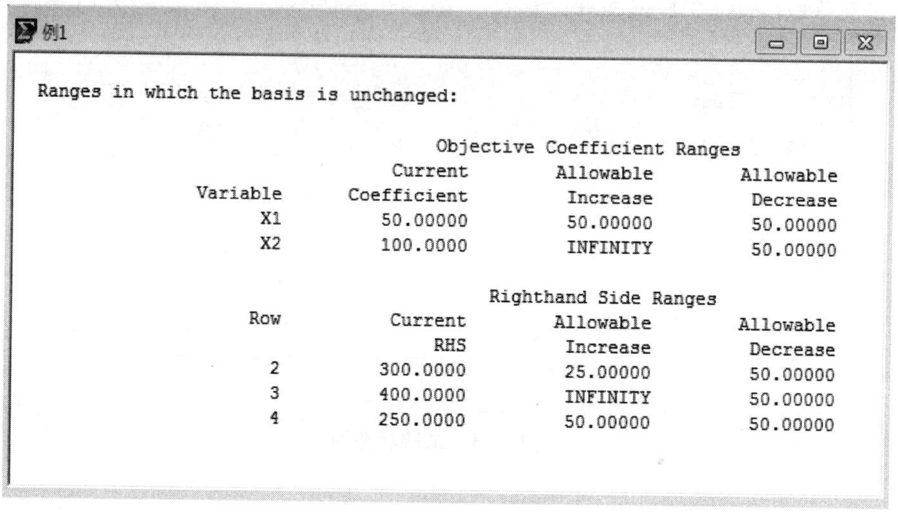

图 10 - 4　灵敏度分析图

图 10 - 4 窗口显示：目标函数中 x_1 当前的费用系数（Current Coefficient）为 50，允许增加（Allowable Increase）= 50，允许减少（Allowable Decrease）= 50，说明当它在 [50 - 50，50 + 50] = [0，100] 范围内变化时，最优基保持不变。对 x_2 可以类似解释，即 x_2 的费用系数在 [50，+∞] 变化时，最优基保持不变。由于此时约束没有变化（只是目标函数中某个费用系数发生变化），所以最优基保持不变的意思也就是最优解保持不变（当然，由于目标函数中费用系数发生了变化，所以最优值会变化）。

第 2 行约束中右端（Righthand Side Ranges，RHS）当前值为 300，当它在 [300 - 50，300 + 25] = [250，325] 范围变化时，最优基保持不变。第 3 行、第 4 行也可以类似解释。不过由于此时约束发生变化，最优基即使不变，最优解、最优值也会发生变化。

灵敏度分析结果表示的是最优基保持不变的系数范围。由此，也可以进一步确定当目标函数的费用系数和约束右端项发生小的变化时，最优基和最优解、最优值如何变化。下面，通过求解一个实际问题来说明。

【例 10 - 2】一奶制品加工厂用牛奶生产 A_1、A_2 两种奶制品，1 桶牛奶可以在甲车间用 12 小时加工成 3 千克 A_1，或者在乙车间用 8 小时加工成 4 千克 A_2。根据市场需求，生产的 A_1、A_2 全部能够售出，且每千克 A_1 获利 24 元，每千克 A_2 获利 16 元。现在加工厂每天能得到 50 桶牛奶的供应，每天工人总的劳动时间为 480 小时，并且甲车间每天至多能加工 100 千克 A_1，乙车间的加工能力没有限制。试为该厂制定一个生产计划，使每天获利最大，并进一步讨论以下三个附加问题：

（1）若用 35 元可以买到 1 桶牛奶，应否做这项投资？若投资，每天最多购买多少桶牛奶？

（2）若可以聘用临时工人增加劳动时间，付给临时工人的工资最多是每小时多少钱？

（3）由于市场需求变化，每千克 A_1 的获利增加到 30 元，应否改变生产计划？

模型代码如下：

$$\max = 72^* x1 + 64^* x2$$
$$x1 + x2 < = 50$$
$$12^* x1 + 8^* x2 < = 480$$
$$3^* x1 < = 100$$

求解这个模型并做灵敏度分析，结果如图 10-5 和图 10-6 所示。

结果告诉我们这个线性规划的最优解为 $x_1 = 20$，$x_2 = 30$，最优值为 $z = 3\,360$，即用 20 桶牛奶生产 A_1，30 桶牛奶生产 A_2 可获得最大利润 3 360 元。输出中除了告诉我们问题的最优解和最优值外，还有许多对分析结果有用的信息，下面结合题目中提出的三个附加问题加以说明。三个约束条件的右端不妨看成三种"资源"：原料、劳动时间、车间甲的加工能力。输出中 Slack or Surplus 给出这三种资源在最优解下是否有剩余：原料、劳动时间的剩余均为零，车间甲尚有剩余 40 千克加工能力。

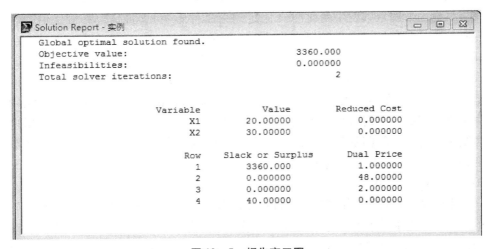

图 10-5　报告窗口图

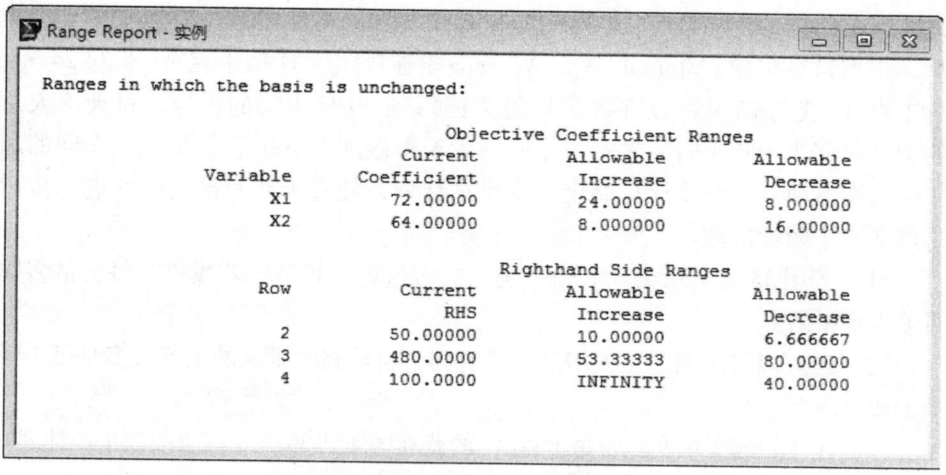

```
Range Report - 实例                                          [─] [□] [✕]

Ranges in which the basis is unchanged:

                                Objective Coefficient Ranges
                      Current          Allowable         Allowable
        Variable    Coefficient        Increase          Decrease
          X1         72.00000          24.00000          8.000000
          X2         64.00000          8.000000          16.00000

                                 Righthand Side Ranges
         Row         Current          Allowable         Allowable
                       RHS            Increase          Decrease
          2          50.00000         10.00000          6.666667
          3          480.0000         53.33333          80.00000
          4          100.0000         INFINITY          40.00000
```

图 10 − 6　灵敏度分析图

目标函数可以看成"效益",成为紧约束的"资源"一旦增加,"效益"必然跟着增长。输出中 Dual Price 给出这三种资源在最优解下"资源"增加 1 个单位时"效益"的增量:原料增加 1 个单位(1 桶牛奶)时利润增长 48 元,劳动时间增加 1 个单位(1 小时)时利润增长 2 元,而增加非紧约束车间甲的能力显然不会使利润增长。这里,"效益"的增量可以看成"资源"的潜在价值,经济学上称为影子价格,即 1 桶牛奶的影子价格为 48 元,1 小时劳动的影子价格为 2 元,车间甲的影子价格为零。读者可以用直接求解的办法验证上面的结论,即将输入文件中原料约束牛奶右端的 50 改为 51,看看得到的最优值(利润)是否恰好增长 48 元。用影子价格的概念很容易回答附加问题(1),用 35 元可以买到 1 桶牛奶(成本),低于 1 桶牛奶的影子价格 48 元(收益),当然应该作这项投资(收益大于成本)。回答附加问题(2),聘用临时工人以增加劳动时间,给付的工资低于劳动时间的影子价格才可以增加利润,所以工资最多是每小时 2 元。

目标函数的系数发生变化时(假定约束条件不变),最优解和最优值会改变吗?这就是灵敏度分析的研究范畴。上面的输出给出了最优基不变条件下目标函数系数的允许变化范围:x_1 的系数允许变化范围为 $(72 - 8, 72 + 24) = (64, 96)$;$x_2$ 的系数为 $(64 - 16, 68 + 8) = (48, 72)$。注意:$x_1$ 系数的允许范围需要 x_2 系数 64 不变,反之亦然。由于目标函数的费用系数化并不影响约束条件,因此,此时最优基不变可以保证最优解也不变,但最优值变化。用这个结果很容易回答附加问题(3)若每千克 A_1 的获利增加到 30 元,则 x_1 系数变为 $30 \times 3 = 90$,在允许范围内,所以不应改变生产计划,但最优值变为 $90 \times 20 + 64 \times 30 = 3\,720$。

下面对"资源"的影子价格作进一步的分析。影子价格的作用(即在最优解下"资源"增加 1 个单位时"效益"的增量)是有限制的。每增加 1 桶牛奶利润增长 48 元(影子价格),但是,上面输出的 Current RHS 的 Allowable Increase 和 Allowable Decrease 给出了影子价格有意义条件下约束右端的限制范围:牛奶原料最多增加 10（桶牛奶），时间劳动时间最多增加 53（小时）。现在可以回答附加问题（1）的第 2 问：虽然应该批准用 35 元买 1 桶牛奶的投资，但每天最多购买 10 桶牛奶。顺便地说，可以用低于每小时 2 元的工资聘用临时工人以增加劳动时间，但最多增加 53.3333 小时。

　　需要注意的是：灵敏性分析给出的只是最优基保持不变的充分条件，而不一定是必要条件。如对于上面的问题，"原料最多增加 10（桶牛奶）"的含义只能是"原料增加 10（桶牛奶）"时最优基保持不变，所以影子价格有意义，即利润的增加大于牛奶的投资。反过来，原料增加超过 10（桶牛奶），影子价格是否一定没有意义？最优基是否一定改变？一般来说，这是不能从灵敏性分析报告中直接得到。此时，应该重新用新数据求解规划模型，才能做出判断。

10.3　运输问题的 LINGO 求解

　　下面结合〖例 10-3〗说明如何使用 LINGO 软件进行编程求解运输问题模型。

　　【例 10-3】某公司从两个产地 A_1，A_2 将物品运往三个销地 B_1，B_2，B_3，各产地的产量、各销地的销量和各产地运往各销地的每件物品的运费如表 10-2 所示，问：应如何调运可使总运输费用最小？

表 10-2　　　　　　　　　单位运价表

		销地			产量
		B_1	B_2	B_3	
产地	A_1	6	4	6	200
	A_2	6	5	5	300
销量		150	150	200	

使用 LINGO 软件程序编制如下：

```
model:
! 2 产地 3 销地的运输问题
sets:
warehouses/wh1,wh2/:capacity
vendors/v1,v2,v3/:demand
links(warehouses,vendors):cost,volume
endsets
! 目标函数
min = @sum(links:cost * volume)
! 需求约束
```

@ for(vendors(J) ：

@ sum(warehouses(I)：volume(I,J)) = demand(J))

！产量约束

@ for(warehouses(I)：

@ sum(vendors(J)：volume(I,J)) = capacity(I))

！数据

data：

capacity = 200 300

demand = 150 150 200

cost = 6 4 6

6 5 5

enddata

end

下面简述运输问题模型的 LINGO 程序。

LINGO 程序以"model："开始,以"end"结束,中间由三部分组成。

第一部分以"sets："开始,以"endsets"结束,对使用的矩阵和向量进行设置,成为设置部分。

第二部分以"data："开始,以"enddata"结束,对设置部分定义的变量赋值。

第三部分为约束和目标部分,包括与约束条件及目标函数对应的语句。可以使用以"!"开头的注释语句,后面跟文字说明。每条语句均以";"结束。程序中不区分字母的大小写。

(1)设置部分。

LINGO 对模型中用到的常量、变量通过集(set)及其属性来定义。

例如,语句 warehouses/wh1, wh2/：capacity；定义的集有 2 个元素,属性 capacity 有 2 个分量,是元素 whi($i=1$,2)的某个数量指标,即产地的供应量。

语句 vendors/v1, v2, v3/：demand；定义的集有 3 个元素,属性 demand 有 3 个分量,是 vj($j=1$,2,3)的某个数量指标,即销地的需求量。

LINGO 可以利用已有的初始集生成新集。例如,语句：

links(warehouses, vendors)：cost, volume；

表示名为 links 的生成集,具有 2×3 个元素,属性 cost 和 volume 有 6 个分量,是元素(whi, vj)($i=1$,2；$j=1$,2,3)的某个数量指标,表示 whi 到 vj 运价或运量等。

(2)数据部分。

集的部分属性在数据部分赋值。

capacity = 200 300；   说明产地的供应量

demand = 150 150 200；   说明销地的需求量。

cost = 6 4 6；

6 5 5；　　　　　　　　　　说明产地到销地的单位运价。

volume 未赋值，说明其是待求解的变量。

（3）约束与目标部分。

在 LINGO 中，可以使用循环控制函数@ for 和累加函数@ sum 对集中的元素及其属性进行访问和操作。函数@ sum 的返回值是集中某些属性表达式的和。使用这两个函数能够描述运输问题的约束条件。

从 LINGO 菜单下选用 Solve 命令（或单击工具条上的按钮 ）即可得到如图 10 - 7 所示的结果。

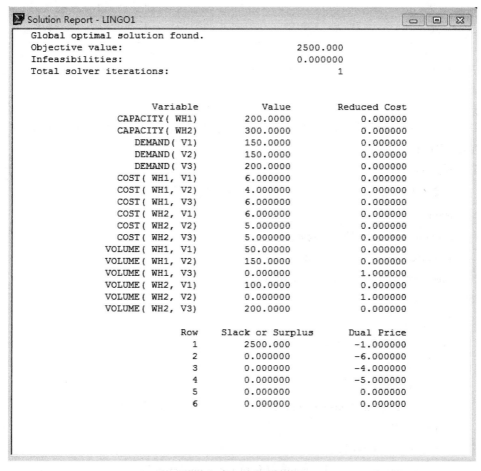

```
Solution Report - LINGO1                                    ─  ▢  ✕

Global optimal solution found.
Objective value:                        2500.000
Infeasibilities:                        0.000000
Total solver iterations:                       1


              Variable         Value      Reduced Cost
          CAPACITY( WH1)      200.0000        0.000000
          CAPACITY( WH2)      300.0000        0.000000
            DEMAND( V1)       150.0000        0.000000
            DEMAND( V2)       150.0000        0.000000
            DEMAND( V3)       200.0000        0.000000
          COST( WH1, V1)       6.000000        0.000000
          COST( WH1, V2)       4.000000        0.000000
          COST( WH1, V3)       6.000000        0.000000
          COST( WH2, V1)       6.000000        0.000000
          COST( WH2, V2)       5.000000        0.000000
          COST( WH2, V3)       5.000000        0.000000
        VOLUME( WH1, V1)      50.00000        0.000000
        VOLUME( WH1, V2)     150.0000        0.000000
        VOLUME( WH1, V3)       0.000000        1.000000
        VOLUME( WH2, V1)     100.0000        0.000000
        VOLUME( WH2, V2)       0.000000        1.000000
        VOLUME( WH2, V3)     200.0000        0.000000

                  Row  Slack or Surplus     Dual Price
                    1       2500.000         -1.000000
                    2       0.000000         -6.000000
                    3       0.000000         -4.000000
                    4       0.000000         -5.000000
                    5       0.000000          0.000000
                    6       0.000000          0.000000
```

图 10 - 7　报告窗口图

从图 10 - 7 中可以看出，最优方案为（volume 的值）产地 A_1 供应销地 B_1 为 50 件；产地 A_1 供应销地 B_2 为 150 件；产地 A_1 供应销地 B_3 为 0 件；产地 A_2 供应销地 B_1 为 100 件；产地 A_2 供应销地 B_2 为 0 件；产地 A_2 供应销地 B_3 为 200 件。最优运费为 2 500 元。

如果是产销不平衡问题，只需修改约束与目标部分的需求约束（销大于产）

或产量约束（产大于销）。

【例 10 - 4】 某公司从两个产地 A_1，A_2 将物品运往三个销地 B_1，B_2，B_3，各产地的产量、各销地的销量和各产地运往各销地的每件物品的运费如表 10 - 3 所示，问：应如何调运可使总运输费用最小？

表 10 - 3　　　　　　　　　　　　　单位运价表

	销地			产量
	B_1	B_2	B_3	
A_1	6	4	6	300
A_2	6	5	5	300
销量	150	150	200	

A_1 的产量提高到 300 件，总的产量为 300 + 300 = 600（件），总的销量仍然是 150 + 150 + 200 = 500 件，这是一个产大于销的运输问题。利用 LINGO 求解，编制程序如下：

```
model:
! 2 产地 3 销地的产销不平衡(产大于销)运输问题
sets:
warehouses/wh1,wh2/:capacity
vendors/v1,v2,v3/:demand
links(warehouses,vendors):cost,volume
endsets
! 目标函数
min = @sum(links:cost * volume)
! 需求约束
@for(vendors(J):
    @sum(warehouses(I):volume(I,J)) = demand(J))
! 产量约束
@for(warehouses(I):
    @sum(vendors(J):volume(I,J)) < = capacity(I))
! 数据
data:
capacity = 300 300
demand = 150 150 200
cost = 6 4 6
      6 5 5
```

enddata

end

从 LINGO 菜单下选用 Solve 命令（或单击工具条上的按钮 ![icon]) 即可得到如图 10-8 所示结果。

```
Solution Report - 运输问题产销不平衡                              □  □  ✕
    Global optimal solution found.
    Objective value:                        2500.000
    Infeasibilities:                        0.000000
    Total solver iterations:                       1

                Variable          Value      Reduced Cost
         CAPACITY( WH1)        300.0000          0.000000
         CAPACITY( WH2)        300.0000          0.000000
           DEMAND( V1)         150.0000          0.000000
           DEMAND( V2)         150.0000          0.000000
           DEMAND( V3)         200.0000          0.000000
         COST( WH1, V1)          6.000000         0.000000
         COST( WH1, V2)          4.000000         0.000000
         COST( WH1, V3)          6.000000         0.000000
         COST( WH2, V1)          6.000000         0.000000
         COST( WH2, V2)          5.000000         0.000000
         COST( WH2, V3)          5.000000         0.000000
       VOLUME( WH1, V1)        150.0000          0.000000
       VOLUME( WH1, V2)        150.0000          0.000000
       VOLUME( WH1, V3)          0.000000         1.000000
       VOLUME( WH2, V1)          0.000000         0.000000
       VOLUME( WH2, V2)          0.000000         1.000000
       VOLUME( WH2, V3)        200.0000          0.000000

                Row    Slack or Surplus      Dual Price
                  1         2500.000          -1.000000
                  2         0.000000          -6.000000
                  3         0.000000          -4.000000
                  4         0.000000          -5.000000
                  5         0.000000           0.000000
                  6         100.0000           0.000000
```

图 10-8　报告窗口图

从图 10-8 中可以看出，最优方案为（volume 的值）产地 A_1 供应销地 B_1 为 150 件；产地 A_1 供应销地 B_2 为 150 件；产地 A_1 供应销地 B_3 为 0 件；产地 A_2 供应销地 B_1 为 0 件；产地 A_2 供应销地 B_2 为 0 件；产地 A_2 供应销地 B_3 为 200 件。最优运费为 2 500 元。

10.4　整数规划的 LINGO 求解

用图解法求解整数规划的问题时，一是慢，二是只能解决两个变量的整数规划。要解决整数规划问题使用计算机软件包是个实用且有效的方法。下面将通过几个实例来说明 LINGO 软件在求解各种整数规划模型中的应用。

10.4.1　整数规划模型的 LINGO 求解

【例 10 – 5】某公司使用甲、乙两种设备生产 A 和 B 两种机器，在计划期内，生产每种机器所需要的设备加工时间（天/台），设备能力（天），A 和 B 两种机器单位利润（万元）如表 10 – 4 所示，问：该公司生产 A 和 B 两种机器各多少台，才能使利润最大？

表 10 – 4　　　　　　　　　生产情况表

		机器		设备能力（天）
		A	B	
产地	甲	7	8	56
	乙	1	3	12
单位利润		3	7	

解：由于该公司生产和销售的机器数应该为整数。因此，这是一个整数规划问题，其数学模型如下：

$$\max Z = 3x_1 + 7x_2$$

$$\text{s. t.} \begin{cases} 7x_1 + 8x_2 \leqslant 56 \\ x_1 + 3x_2 \leqslant 12 \\ x_1,\ x_2 \geqslant 0，且为整数 \end{cases}$$

$$\max Z = 3x_1 + 7x_2$$

$$\text{s. t.} \begin{cases} 7x_1 + 8x_2 \leqslant 56 \\ x_1 + 3x_2 \leqslant 12 \\ x_1,\ x_2 \geqslant 0，且为整数 \end{cases}$$

此例题的 LINGO 程序如下：

$\max = 3 * x1 + 7 * x2$

$7 * x1 + 8 * x2 < = 56$

$x1 + 3 * x2 < = 12$

@ gin(x1)

@ gin(x2)

注意：@ gin(x) 为变量界定函数。变量界定函数实现对变量取值范围的附加限制，共 4 种：

@ gin(x)　　　　　限制 x 为整数；

@ bin(x)　　　　　限制 x 为 0 或 1；

@ free(x)　　　　　取消对变量 x 的默认下界为 0 的限制,即 x 可以取任意实数;

@ bnd(L,x,U)　　　限制 $L \leq x \leq U$。

从 LINGO 菜单下选用 Solve 命令（或单击工具条上的按钮 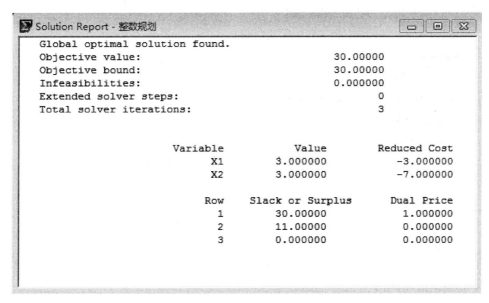）即可得到如图 10-9 所示结果。

```
Solution Report - 整数规划                                    ▢ ▭ ✕
    Global optimal solution found.
    Objective value:                          30.00000
    Objective bound:                          30.00000
    Infeasibilities:                          0.000000
    Extended solver steps:                           0
    Total solver iterations:                         3

                 Variable           Value        Reduced Cost
                       X1        3.000000           -3.000000
                       X2        3.000000           -7.000000

                      Row   Slack or Surplus          Dual Price
                        1        30.00000            1.000000
                        2        11.00000            0.000000
                        3        0.000000            0.000000
```

图 10-9　报告窗口图

最优解为 $x_1^* = 3$, $x_2^* = 3$, 最优值 $z^* = 30$。

10.4.2　指派问题模型的 LINGO 求解

方法一：将指派问题看做产量与销量都为 1 的运输问题。

有四个工人,要分别指派他们完成四项不同的工作,每人做各项工作所消耗的时间如表 10-5 所示,问：应如何指派工作,才能使总的消耗时间为最少?

表 10-5　　　　　　　　　　　　　　工作时间表

		工作			
		A	B	C	D
工人	甲	15	18	21	24
	乙	19	23	18	18
	丙	26	17	16	19
	丁	19	21	23	17

此例题的 LINGO 程序如下：

model：

！4 人 4 工作的分配问题

sets：

warehouses/wh1,wh2,wh3,wh4/:capacity

vendors/v1,v2,v3,v4/:demand

links(warehouses,vendors):cost,volume

endsets

！目标函数

min = @ sum(links:cost * volume)

！需求约束

@ forvendors(J)：

    @ sum(warehouses(I):volume(I,J)) = demand(J)

！产量约束

@ for(warehouses(I)：

    @ sum(vendors(J):volume(I,J)) = capacity(I)

！数据

data：

capacity = 1 1 1 1

demand = 1 1 1 1

cost = 15 18 21 24

      19 23 22 18

      26 17 16 19

      19 21 23 17

enddata

end

从 Lingo 菜单下选用 Solve 命令（或单击工具条上的按钮 ⬙）即可得到如图 10 – 10 和图 10 – 11 所示结果。

最优指派方案为安排乙干 A 工作，甲干 B 工作，丙干 C 工作，丁干 D 工作，这时总消耗时间为最少，即 70 小时。

方法二：将指派问题看做一般线性规划问题。

〖例 10 – 5〗的模型为：

$$\min Z = 15x_{11} + 18x_{12} + 21x_{13} + 24x_{14} + 19x_{21} + 23x_{22} + 22x_{23} + 18x_{24} + 26x_{31}$$
$$+ 17x_{32} + 16x_{33} + 19x_{34} + 19x_{41} + 21x_{42} + 23x_{43} + 17x_{44}$$

$$x_{11} + x_{12} + x_{13} + x_{14} = 1 \qquad （甲只能干一项工作）$$
$$x_{21} + x_{22} + x_{23} + x_{24} = 1 \qquad （乙只能干一项工作）$$
$$x_{31} + x_{32} + x_{33} + x_{34} = 1 \qquad （丙只能干一项工作）$$
$$x_{41} + x_{42} + x_{43} + x_{44} = 1 \qquad （丁只能干一项工作）$$

$$x_{11} + x_{21} + x_{31} + x_{41} = 1 \quad \text{（A 只能干一项工作）}$$
$$x_{12} + x_{22} + x_{32} + x_{42} = 1 \quad \text{（B 只能干一项工作）}$$
$$x_{13} + x_{23} + x_{33} + x_{43} = 1 \quad \text{（C 只能干一项工作）}$$
$$x_{14} + x_{24} + x_{34} + x_{44} = 1 \quad \text{（D 只能干一项工作）}$$

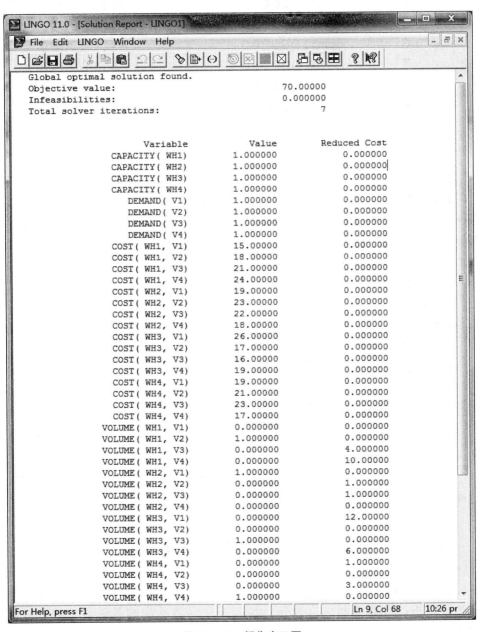

图 10－10　报告窗口图

Row	Slack or Surplus	Dual Price
1	70.00000	-1.000000
2	0.000000	-14.00000
3	0.000000	-17.00000
4	0.000000	-16.00000
5	0.000000	-13.00000
6	0.000000	-1.000000
7	0.000000	-5.000000
8	0.000000	0.000000
9	0.000000	-4.000000

图 10-11　灵敏度分析图

编制程序如下：

$min = 15 * x11 + 18 * x12 + 21 * x13 + 24 * x14 + 19 * x21 + 23 * x22 + 22 * x23 + 18 * x24 + 26 * x31 + 17 * x32 + 16 * x33 + 19 * x34 + 19 * x41 + 21 * x42 + 23 * x43 + 17 * x44$

$x11 + x12 + x13 + x14 = 1$

$x21 + x22 + x23 + x24 = 1$

$x31 + x32 + x33 + x34 = 1$

$x41 + x42 + x43 + x44 = 1$

$x11 + x21 + x31 + x41 = 1$

$x12 + x22 + x32 + x42 = 1$

$x13 + x23 + x33 + x43 = 1$

$x14 + x24 + x34 + x44 = 1$

从 LINGO 菜单下选用 Solve 命令（或单击工具条上的按钮 ）即可得到如图 10-12 所示结果。

最优指派方案为安排乙干 A 工作，甲干 B 工作，丙干 C 工作，丁干 D 工作，这时总消耗时间为最少，即 70 小时。

10.4.3　混合整数规划问题模型的 Lingo 求解

【例 10-6】高压容器公司制造小、中、大三种尺寸的金属容器，所用资源为金属板、劳动力和机器设备，制造一个容器所需的各种资源的数量如表 10-6 所示。

```
指派问题                                                    □  ▣  ☒
Global optimal solution found.
Objective value:                           70.00000
Infeasibilities:                           0.000000
Total solver iterations:                          7


                  Variable          Value      Reduced Cost
                       X11       0.000000          0.000000
                       X12       1.000000          0.000000
                       X13       0.000000          4.000000
                       X14       0.000000          10.00000
                       X21       1.000000          0.000000
                       X22       0.000000          1.000000
                       X23       0.000000          1.000000
                       X24       0.000000          0.000000
                       X31       0.000000          12.00000
                       X32       0.000000          0.000000
                       X33       1.000000          0.000000
                       X34       0.000000          6.000000
                       X41       0.000000          1.000000
                       X42       0.000000          0.000000
                       X43       0.000000          3.000000
                       X44       1.000000          0.000000

                       Row  Slack or Surplus      Dual Price
                         1       70.00000         -1.000000
                         2       0.000000         -14.00000
                         3       0.000000         -18.00000
                         4       0.000000         -13.00000
                         5       0.000000         -17.00000
                         6       0.000000         -1.000000
                         7       0.000000         -4.000000
                         8       0.000000         -3.000000
                         9       0.000000          0.000000
```

图 10 - 12　报告窗口图

表 10 - 6　　　　　　　　　　　　生产情况表

资源	小号容器	中号容器	大号容器
金属板/吨	2	4	8
劳动力/（人／月）	2	3	4
机器设备（台／月）	1	2	3

　　不考虑固定费用，每种容器售出一只所得的利润分别为 4 万元、5 万元、6 万元，可使用的金属板有 500 吨，劳动力有 300 人/月，机器有 100 台月，此外，不管每种容器制造的数量是多少，都要支付一笔固定的费用：小号为 100 万元，中号为 150 万元，大号为 200 万元。现在要制订一个生产计划，使获得的利润为最大。

解：〖例 10 – 6〗的模型为：

$$\max Z = 4x_1 + 5x_2 + 6x_3 - 100y_1 - 150y_2 - 200y_3$$

$$\text{s. t.} \begin{cases} 2x_1 + 4x_2 + 8x_3 \leqslant 500 \\ 2x_1 + 3x_2 + 4x_3 \leqslant 300 \\ x_1 + 2x_2 + 3x_3 \leqslant 100 \\ x_1 - My_1 \leqslant 0 \\ x_2 - My_2 \leqslant 0 \\ x_3 - My_3 \leqslant 0 \\ x_1,\ x_2,\ x_3 \geqslant 0 \\ y_1,\ y_2,\ y_3\ \text{为} 0 - 1\ \text{变量} \end{cases}$$

本题的 LINGO 程序如下：

$\max = 4 * x1 + 5 * x2 + 6 * x3 - 100 * y1 - 150 * y2 - 200 * y3$

$2 * x1 + 4 * x2 + 8 * x3 < = 500$

$2 * x1 + 3 * x2 + 4 * x3 < = 300$

$x1 + 2 * x2 + 3 * x3 < = 100$

$x1 < = 200 * y1$

$x2 < = 200 * y2$

$x3 < = 200 * y3$

$@\operatorname{bin}(y1)$

$@\operatorname{bin}(y2)$

$@\operatorname{bin}(y3)$

从 LINGO 菜单下选用 Solve 命令（或单击工具条上的按钮 ◎）即可得到如图 10 – 13 所示结果。

结果显示最大目标函数值为 300，最优解为 $x_1 = 100$，$x_2 = 0$，$x_3 = 0$。

10.5　目标规划模型的 LINGO 求解

【例 10 – 7】某企业接到了订购 15 000 件甲型和乙型产品的订货合同，合同中没有对这两种产品各自的数量作任何要求，但合同要求该企业在一周内完成生产任务并交货。根据该企业的生产能力，一周内可以利用的生产时间为 21 000 分钟，可利用的包装时间为 35 000 分钟，生产一件甲型和乙型产品的时间分别为 2 分钟和 1 分钟，包装一件甲型和乙型产品的时间分别为 2 分钟和 3 分钟。每件甲型产品成本为 8 元，利润为 9 元，每件乙型产品成本为 12 元，利润为 8 元。企业负责人首先考虑必须要按合同完成订货任务，并且既不要有不足量，也不要有超过量；其次要求销售额尽量达到或接近 260 000 元。最后考虑可加班，但加班时间尽量地少。试为该企业制定合理的生产计划。

```
Solution Report - 混合整数规划模型                                    ⬜ ⬜ ✕

Global optimal solution found.
Objective value:                             300.0000
Objective bound:                             300.0000
Infeasibilities:                             0.000000
Extended solver steps:                              0
Total solver iterations:                            5


                 Variable           Value        Reduced Cost
                       X1        100.0000            0.000000
                       X2        0.000000            3.000000
                       X3        0.000000            6.000000
                       Y1        1.000000          100.000000
                       Y2        0.000000          150.000000
                       Y3        0.000000          200.000000

                      Row  Slack or Surplus          Dual Price
                        1        300.0000            1.000000
                        2        300.0000            0.000000
                        3        100.0000            0.000000
                        4        0.000000            4.000000
                        5        100.0000            0.000000
                        6        0.000000            0.000000
                        7        0.000000            0.000000
```

图 10 – 13　报告窗口图

求得〖例 10 – 7〗的模型为：

求 $x = \{x_1,\ x_2\}$，使：

$$\min Z = p_1(d_1^+ + d_1^-) + p_2 d_2^- + p_3(d_3^+ + d_4^+)$$

$$\text{s. t.} \begin{cases} x_1 + x_2 + d_1^- - d_1^+ = 15\,000 \\ 17x_1 + 20x_2 + d_2^- - d_2^+ = 260\,000 \\ 2x_1 + x_2 + d_3^- - d_3^+ = 21\,000 \\ 2x_1 + 3x_2 + d_4^- - d_4^+ = 35\,000 \\ x_1,\ x_2,\ d_i^+,\ d_i^- \geqslant 0 \quad (i = 1,\ 2,\ 3,\ 4) \end{cases}$$

在此对应各个优先级分别设为 $P_1 = 100$，$P_2 = 10$，$P_3 = 1$（对于某些特殊问题可适当加各优先级级差），则目标函数变为：

$$\min Z = 100(d_1^+ + d_1^-) + 10d_2^- + d_3^+ + d_4^+$$

为了便于 LINGO 进行求解，记 $d_i^+ = d_i$，$d_i^- = d\_$，$i = (1,\ 2,\ 3,\ 4)$。其中，LINGO 计算程序如下：

$\min = 100 * (d1 + d1\_) + 10 * d2\_ + d3 + d4$

$x1 + x2 + d1\_ - d1 = 15\,000$

$17 * x1 + 20 * x2 + d2\_ - d2 = 260\,000$

$2 * x1 + x2 + d3\_ - d3 = 21\,000$

$2 * x1 + 3 * x2 + d4\_ - d4 = 35\,000$

从 LINGO 菜单下选用 Solve 命令（或单击工具条上的按钮）即可得到如图 10－14 所示结果。

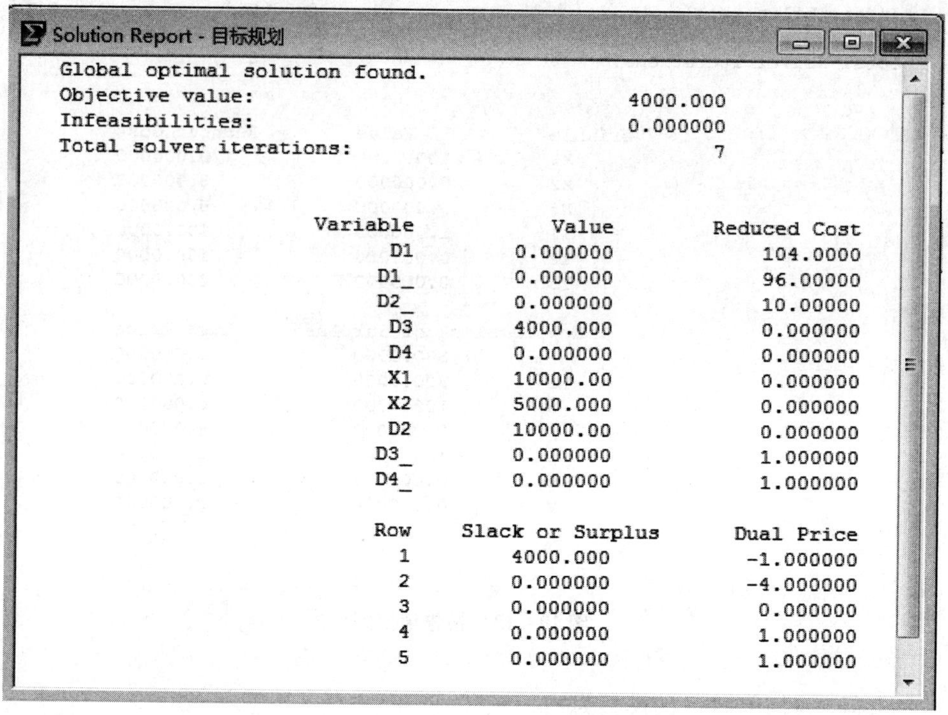

```
Solution Report - 目标规划
Global optimal solution found.
Objective value:                              4000.000
Infeasibilities:                              0.000000
Total solver iterations:                             7

                    Variable           Value        Reduced Cost
                          D1        0.000000            104.0000
                         D1_        0.000000            96.00000
                         D2_        0.000000            10.00000
                          D3        4000.000            0.000000
                          D4        0.000000            0.000000
                          X1        10000.00            0.000000
                          X2        5000.000            0.000000
                          D2        10000.00            0.000000
                         D3_        0.000000            1.000000
                         D4_        0.000000            1.000000

                         Row    Slack or Surplus      Dual Price
                           1        4000.000           -1.000000
                           2        0.000000           -4.000000
                           3        0.000000            0.000000
                           4        0.000000            1.000000
                           5        0.000000            1.000000
```

图 10－14　报告窗口图

最优解为 $x_1^* = 10\,000$，$x_2^* = 5\,000$。即生产甲型产品 10 000 件，生产乙型产品 5 000 件。

参 考 文 献

1. 于春田. 运筹学 [M]. 第 2 版. 北京：科学出版社，2011.

2. 徐玖平. 运筹学 [M]. 第 3 版. 北京：科学出版社，2007.

3. 胡运权. 运筹学 [M]. 第 3 版. 北京：清华大学出版社，2007.

4. 胡运权. 运筹学习题集 [M]. 第 4 版. 北京：清华大学出版社，2012.

5. 牛映武. 运筹学 [M]. 第 3 版. 西安：西安交通大学出版社，2013.

6. 韩伯棠. 管理运筹学 [M]. 第 4 版. 北京：高等教育出版社，2015.

7. 张宏斌. 运筹学方法及其应用 [M]. 北京：清华大学出版社，2008.

8. 邢育红. 实用运筹学 [M]. 北京：中国水利水电出版社，2014.

9. 卢向南. 应用运筹学 [M]. 杭州：浙江大学出版社，2005.

10. 郝英奇. 实用运筹学 [M]. 北京：中国人民大学出版社，2011.

11. Wayne L. Winston. Operations Research：Applications and Algorithms. Brooks Cole，2003.

12. Ch Chen，Lh Lee. Stochastic Simulation Optimization：An Optimal Computing Budget Allocation. World Scientific Publishing Co Pte Ltd，2010.

13. Michael W. Carter. Operations Research：A Practical Introduction（Operations Research Series）. Crc Press，2017.

14. Kurt Marti. Stochastic Optimization Methods：Applications in Engineering and Operations. Springer，2016.

15. Hamdy A. Taha. Operations Research：an Introduction. Macmillan Pub Co，1986.

敬 告 读 者

为了帮助广大师生和其他学习者更好地使用、理解和巩固教材的内容，本教材提供课件和习题答案，读者可关注公众号"财经文渊"，浏览课件和习题答案。

如有任何疑问，请与我们联系。

QQ：16678727

邮箱：esp_bj@163.com

教材服务 QQ 群：391238470

经济科学出版社

2018 年 8 月

财经文渊

教材服务 QQ 群